LA PERSPECTIVE

DES ÉCOLES PRIMAIRES

NOTIONS DE PERSPECTIVE EXPÉRIMENTALE

A L'USAGE

DES INSTITUTEURS, DES INSTITUTRICES, DES ÉLÈVES
DES ÉCOLES NORMALES ET, EN GÉNÉRAL, DE TOUTES LES PERSONNES
QUI ENSEIGNENT OU PRATIQUENT LE DESSIN D'APRÈS LE RELIEF

PAR

M. GODEFROY

PROFESSEUR A L'ÉCOLE NORMALE D'INSTITUTEURS DE LA SEINE
OFFICIER D'ACADÉMIE

SECONDE ÉDITION
REVUE ET CORRIGÉE

Inscrit sur la liste des ouvrages fournis gratuitement
par la ville de Paris à ses écoles communales

PARIS

LIBRAIRIE CLASSIQUE EUGÈNE BELIN
Vᵉ EUGÈNE BELIN ET FILS
RUE DE VAUGIRARD, Nº 52

1889

SAINT-CLOUD. — IMPRIMERIE Vᶜ EUG. BELIN ET FILS.

AVERTISSEMENT DE LA PREMIÈRE ÉDITION

Ce livre s'adresse principalement aux instituteurs et aux institutrices.

Ils y trouveront un exposé simple, quoique assez complet pour être réellement utile, des notions de perspective indispensables à quiconque dessine d'après le relief, avec des indications pédagogiques qui pourront leur servir de guide dans la préparation de leurs leçons et le choix de leurs modèles.

Un certain nombre d'entre eux, il ne fallait pas l'oublier, sont restés jusqu'ici étrangers à l'étude élémentaire de la géométrie et du dessin linéaire : c'est pourquoi les développements qui exigeaient quelques connaissances préliminaires ont été rejetés, sous forme de notes, dans un Appendice, avec les considérations qui éclairent une seconde lecture, mais qui auraient sans grand profit retardé la première.

Dans le texte même, les passages particulièrement recommandés à l'attention du lecteur sont imprimés en plus gros caractères, et les définitions, les principes, les règles ont été soigneusement mis en évidence. Enfin la table des matières, en reproduisant ces définitions, ces principes et ces règles, forme un utile résumé de l'ouvrage.

Grâce à ces dispositions, les uns pourront satisfaire la légitime curiosité éveillée en eux par la réflexion, et les autres ne seront point arrêtés, dans leur première initiation, par des difficultés réelles.

R. G.

AVERTISSEMENT DE LA DEUXIÈME ÉDITION

Cette seconde édition diffère assez de la précédente pour qu'une courte introduction soit au moins utile.

Dans mon premier travail, je m'étais avant tout proposé de contribuer à vulgariser l'étude de la perspective en la simplifiant. Entraîné par cette préoccupation bien avouable, je croyais pouvoir, sans inconvénient grave, sacrifier un peu la rigueur des démonstrations et la précision du langage à l'agrément de la lecture. Au besoin, pour rendre certains raisonnements plus accessibles, j'envisageais des cas particuliers plutôt que des problèmes généraux et j'employais des expressions que le bon sens admet, si l'exactitude géométrique les réprouve; lorsque certains sous-entendus me paraissaient alléger la phrase tout en la laissant claire, je les acceptais volontiers; si quelque remarque devait évoquer chez le lecteur le souvenir d'observations personnelles intéressantes, je l'indiquais alors même qu'elle ne conduisait directement à aucune règle formulée. En un mot, je pensais bien faire en me montrant familier plutôt que correct.

L'expérience m'a détrompé. Elle a achevé de me convaincre que la clarté des explications incomplètes n'est pas une clarté de bon aloi. Un ouvrage qui n'entre pas résolument dans tout le détail des démonstrations peut être feuilleté avec plus de plaisir par ceux qui se proposent de le lire... plus tard; son abord est plus engageant; mais il est consulté avec moins de profit par ceux qui étudient sérieusement; il risque de ne pas satisfaire ceux qui aiment les formules nettes, et peut même laisser sans réponse certaines objections soulevées par des esprits habitués à la discussion.

Ces réflexions, qui m'ont été bien des fois suggérées par mon enseignement, motivent assez les suppressions notables et les additions légères faites à la première édition, ainsi que les nombreuses modifications de détail concernant la rédaction.

Parmi les améliorations introduites dans la forme des raisonnements, il en est une sur laquelle je crois bon d'appeler l'attention. Dans la première édition, après avoir mis en garde le lecteur contre la confusion des mots *apparence* et *perspective*, je me résignais souvent à employer le premier, qui appartient au langage usuel, pour le second, qui a le don d'effrayer beaucoup de commençants. Mais j'ai vu de mieux en mieux les inconvénients de cette concession faite à l'injustifiable éloignement pour un mot qui n'a, en somme, rien de barbare, et qui, une fois bien défini, a une signification très claire, très précise et très simple. Aussi ai-je pris ici le parti contraire, celui de familiariser avec lui le lecteur, en l'employant sans hésitation toutes les fois que sa place est marquée dans une démonstration. La phrase y perd en élégance, en bonhomie, oserai-je dire, mais elle y gagne en précision, et c'est plus qu'une compensation.

Ces réserves faites, je me félicite de n'avoir rien eu à changer au plan général de l'ouvrage, soumis pourtant à une critique consciencieuse et sévère, sinon infaillible. L'idée maîtresse est toujours de ramener à deux les règles de la perspective :

Règle pour déterminer un point de fuite.
Règle pour diviser une fuyante.

Et, comme la substitution d'un mot à un autre ne peut à elle seule rendre un livre aride et difficile à lire, j'ai l'espoir que le public fera aussi bon accueil à celui-ci qu'à son aîné, car je suis fermement convaincu qu'il lui est supérieur de tous points, malgré toutes les imperfections que le lecteur pourra y découvrir encore,

Mais, quoi qu'il advienne de ce souhait, je tiens à reconnaître dès maintenant pour quelle large part MM. Belin auront contribué à sa réalisation, car, après avoir apporté à la première édition un soin minutieux, qui en avait écarté presque totalement les erreurs matérielles inévitables, ils ont encore consenti à tous les sacrifices pour améliorer la seconde et la rendre digne de la vieille réputation de leur maison.

R. G.

LA PERSPECTIVE

DES ÉCOLES PRIMAIRES

AVANT-PROPOS

Posez à un enfant la question suivante : Avec quoi voyez-vous? Il vous répondra infailliblement : avec mes yeux. — Alors, quelle est la forme de cette table? — Elle est rectangulaire. — La voyez-vous ainsi? — Certainement.

Or, ce qui paraît évident à l'enfant est inexact. Il *sait* par le toucher, par une série d'expériences antérieures, que la table est rectangulaire, mais il ne la *voit* pas telle : en réalité, ses yeux perçoivent un trapèze ou un quadrilatère plus irrégulier encore.

Cette discordance entre les indications de la vue et celles du toucher constitue l'une des plus sérieuses difficultés du dessin d'après le relief ou d'après nature, car, malgré nos efforts pour *dessiner ce que nous voyons*, nous avons une tendance presque invincible à *dessiner ce que nous savons*.

Lorsque nous regardons un objet, nous accordons en général peu d'attention à ses déformations apparentes, et c'est presque à notre insu que celles-ci nous renseignent sur sa position et sa distance. Si, par exemple, nous voyons un bras plus large que long, un peuplier inscrit dans le cadre d'une vitre, nous n'en croyons pas nos yeux et nous n'hésitons pas à dire que le bras est en raccourci, que le peuplier est plus éloigné de nous que la vitre.

A chaque instant nous réunissons ainsi, nous combinons pour les fondre en une impression unique, les indications actuelles de notre vue et le résultat de notre expérience acquise. C'est de cette habitude permanente qu'il faut triompher lorsque nous dessinons, car nous ne devons tenir compte alors que de la sensation visuelle seule. On conçoit que cette sorte d'abstraction présente toujours de grandes difficultés.

Heureusement la **perspective** nous permet de *résoudre*, pour ainsi dire, la forme que les corps doivent avoir sur nos dessins, comme s'il s'agissait d'une opération arithmétique ou géométrique. Elle présente l'avantage de soulager l'attention et d'introduire le raisonnement dans les travaux graphiques, tout en contribuant à l'éducation des sens; aussi est-elle regardée comme une partie essentielle de l'étude du dessin.

On pourrait s'étonner, après cela, de la voir rejetée généralement à la fin des cours, et par suite fort négligée, si on ne songeait qu'elle s'appuie sur un certain nombre de vérités géométriques d'un ordre assez élevé, vérités inaccessibles aux toutes jeunes intelligences.

C'est ainsi qu'on se trouve enfermé dans un cercle vicieux : d'une part, l'étude de la perspective indispensable à celle du dessin, qui doit commencer dès l'entrée à l'école, et, d'autre part, l'étude de la géométrie indispensable à celle de la perspective.

Pour en sortir, pour mettre la perspective à la portée des enfants de nos écoles, essayons de nous faire une idée un peu plus précise du but qu'elle doit se proposer et atteindre.

Telle qu'on peut la définir d'après l'ensemble de ses règles, telle qu'on la trouve même définie dans plusieurs traités, la perspective est la solution du problème général suivant : *Un objet occupant une place déterminée, représenter cet objet tel que le voit un spectateur dont la position est déterminée également.*

La question doit-elle être posée ainsi, du moins à l'école

primaire? Les observations suivantes vont nous répondre.

Voici l'esquisse très simple d'une galerie qui s'étend devant nous (*fig.* 1). Ce dessin, exécuté suivant les règles

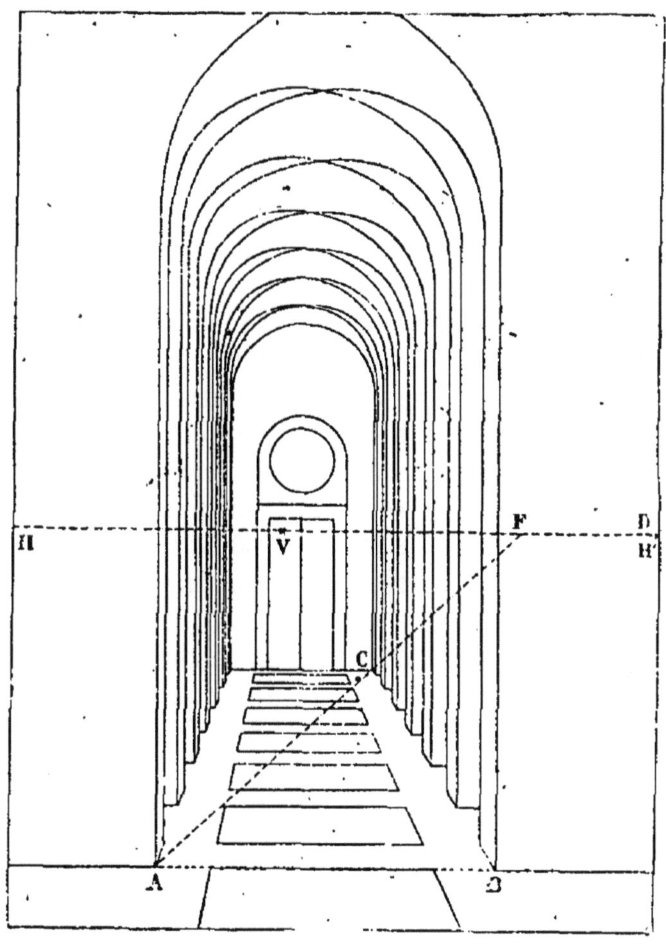

Fig. 1.

de la perspective, vous paraît peut-être représenter un motif bien défini. Erreur : il représente autant de galeries différentes que vous prendrez de positions pour le regarder. Ainsi, fermez un œil, et placez l'autre exactement en face du point V : la galerie est perpendiculaire au plan du dessin. Portez votre œil vers la droite, en le maintenant en face de la ligne HH' ou de son prolongement : la galerie devient oblique et paraît se diriger vers votre gauche. Revenez en face du point V, la galerie redevient perpendiculaire. Continuez votre mouvement vers la gauche, et la galerie fuit maintenant à droite. En prenant position au-dessus ou au-dessous de la ligne HH′, la galerie paraîtrait descendante ou montante. Il y a plus : vous êtes en ce moment à une distance quelconque du dessin : la galerie vous paraît avoir une certaine longueur; vous vous approchez, vous regardez de très près, et la galerie se trouve beaucoup plus courte. Vous vous éloignez, vous dépassez votre point de départ, et la galerie gagne en longueur tant que vous augmentez la distance de votre œil au dessin.

Ces changements sont bien plus sensibles si vous reproduisez sur un grand tableau la galerie ci-contre, ou tout autre dessin analogue, ou même, plus simplement encore, le solide que représente la figure 2. AB et BC sont deux côtés de la base supérieure : Suivant votre position, vous jugerez que ces deux côtés forment un angle droit, un angle aigu ou un angle obtus, qu'ils sont égaux, ou que l'un d'eux, soit AB, soit BC, est plus grand que l'autre.

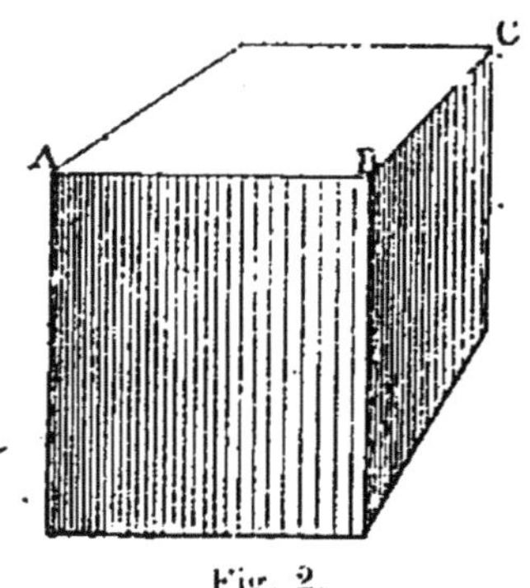
Fig. 2.

Ces variations d'aspect qui accompagnent vos déplacements, et dont la raison sera donnée dans la suite (1), ne sont pas particulières aux figures que nous venons d'examiner. Elles se reproduisent, plus ou moins frappantes, dans tous les dessins, tous les tableaux, comme vous pourrez vous en convaincre lorsque vous visiterez un musée. Le portrait qui orne votre demeure peut être encore pris comme exemple : Si la personne qu'il représente vous regarde quand vous êtes en face, vous pouvez aller à droite, à gauche, vous hausser, vous baisser, elle vous regardera toujours, et semblera ainsi se tourner à gauche, à droite, en bas, en haut.

1. Voy. l'*Appendice*, note Iʳᵉ, p. 93.

Les peintres, qui connaissent cet effet, l'utilisent parfois pour dramatiser leurs compositions.

Nous sommes donc autorisés à dire que *vouloir rendre par le dessin l'aspect* **réel** *d'un corps, c'est se proposer un problème inutile*, puisque la solution n'en sera exacte que d'un point de vue où le hasard n'amènera peut-être jamais personne.

S'ensuit-il que l'étude du dessin, et de la perspective en particulier, soit vaine et stérile? Nullement, car les changements d'aspect d'un dessin s'effectuent, pour ainsi dire, tout d'une pièce : les lignes éprouvent des variations de longueur et de direction, c'est vrai, mais leurs relations subsistent. Ainsi, dans l'exemple précédent, les deux côtés de la galerie paraîtront parallèles dans toutes les positions du spectateur, les arcades sembleront toujours égales et de même hauteur, les ornements du sol seront toujours égaux entre eux, etc.

Parmi les règles de la perspective, nous ferons donc un choix.

Les unes conduisent à la représentation exacte des corps, pourvu que le spectateur se place en un point déterminé. Nous les écarterons. Nous ne chercherons pas, par exemple, à représenter une galerie fuyant à gauche, ou fuyant à droite, une galerie montante ou descendante, etc.

Les autres nous apprennent à exprimer par le dessin certaines relations qui subsistent pour toutes les positions du spectateur. Nous nous arrêterons à celles-ci seulement.

La suite montrera que, pour le dessin d'après nature, la perspective ainsi réduite offre toujours un secours suffisant. On pourrait même dire qu'elle suffit toujours à celui qui dessine de mémoire et à l'artiste qui compose un tableau (1), si les architectes, les décorateurs et les peintres de panoramas, qui savent d'avance de quels points seront vus leurs ouvrages, ne venaient faire exception à cette règle.

1. Voy. l'*Appendice*, note IX, p. 145.

PREMIÈRE PARTIE
LES PRINCIPES

CHAPITRE PREMIER

DÉFINITIONS

CE QU'ON ENTEND PAR PERSPECTIVE. — LE TABLEAU

Pour dessiner un objet en relief, on suppose ordinairement que le dessinateur suit les contours du modèle sur une vitre interposée entre ce modèle et lui.

Le calque ainsi obtenu est la *perspective* de l'objet à dessiner.

D'où la définition suivante :

La perspective d'un objet est le calque qu'on obtient en suivant ses contours sur un plan transparent.

Ceci posé, nous ferons remarquer que les surfaces planes peuvent être représentées avec leur forme réelle, parce qu'elles peuvent, au besoin, s'appliquer sur une feuille de papier. Dans ce cas, un dessin n'est que la reproduction pure et simple du modèle, à une échelle variable.

Au contraire, un objet offrant un certain relief ne peut être entièrement contenu dans un plan. Mais, si *au lieu de le dessiner directement on copie sa perspective,* on rentre dans le cas précédent, car le modèle n'a plus que deux dimensions. Cet artifice ne modifie d'ailleurs nullement le dessin : en effet, l'objet et sa perspective ayant même aspect, représenter l'un ou l'autre est indifférent au point de vue du résultat.

Insistons sur ce point : lorsqu'on dessinera, on supposera toujours qu'il existe un transparent entre l'œil et le modèle, et l'on s'appliquera à représenter, non l'objet de l'espace, mais la figure du transparent; en d'autres termes, il faudra toujours dessiner un corps comme si ses contours, conservant leur apparence, étaient tous amenés dans un plan unique, comme si ce corps était plat.

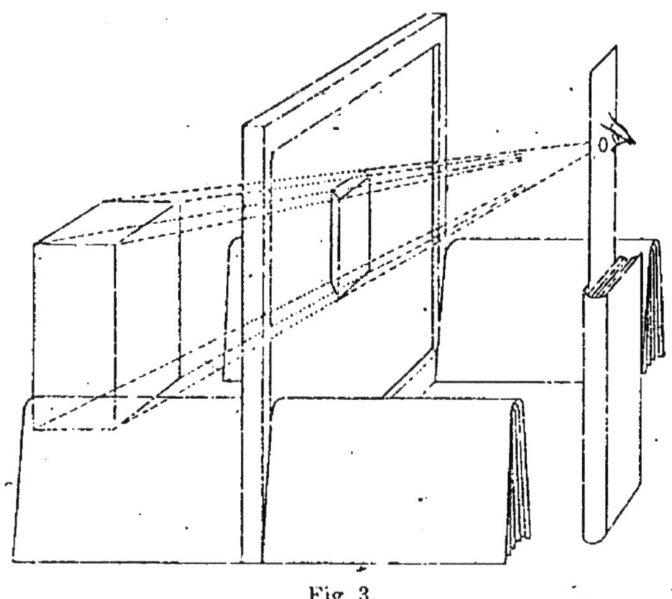

Fig. 3.

L'expérience devant toujours accompagner et contrôler le précepte, il est indispensable que le maître dessine sur une vitre de la classe ce qu'il voit derrière cette vitre; ou bien, pour plus de commodité, il peut construire ou faire construire un cadre, sur lequel sera tendue une étoffe légère, aussi transparente que possible (*fig.* 3). Ce cadre étant maintenu vertical, d'une manière ou d'une autre, il y dessinera au fusain le contour apparent d'un objet situé en arrière. Il aura soin, pendant cette opération, de tenir son œil bien immobile, condition facilement réalisée s'il le place contre un trou percé dans un disque de bois ou de carton, dont la position sera rendue invariable.

Que le maître montre comment on peut remplacer un objet par sa perspective sur le transparent, c'est bien. Qu'il fasse placer successivement tous les élèves au point qu'occupait son œil, pour leur montrer la coïncidence du modèle et de son image, c'est mieux. Ne pourrait-il aller jusqu'à mettre entre les mains des enfants un **tableau** semblable au sien? Est-il impossible d'obtenir que chacun ait, dans son matériel scolaire, un cadre de carton ou de bois, entourant un chiffon de mousseline ou de gaze tendu, ou une plaque de verre, ou même un simple vide rectangulaire? Grand comme un cahier, comme un livre, comme un carnet, portatif, en un mot, ce tableau rendrait de réels services (1). Ce serait un utile intermédiaire entre la nature et le dessin, entre ce que nous savons et ce que nous voyons. Sur ce petit cadre, l'élève ne dessinerait rien; il se contenterait d'apprécier la forme, la direction et la longueur apparentes des lignes de l'espace, en les comparant aux côtés verticaux et horizontaux de son transparent.

Nous supposerons donc, dorénavant, que chaque élève possède son tableau. Toutefois, nous n'attacherons pas une importance exagérée à ce procédé, car l'élève, après en avoir acquis l'usage, devra apprendre à s'en passer.

USAGE DU TABLEAU

Un premier dessin A (*fig.* 4) ayant été calqué sur le grand transparent du maître, rapprochons de

---

1. Le meilleur format d'un tableau est celui pour lequel l'ouverture carrée transparente a comme côté le 1/3 ou les 2/5 de la longueur du bras. Ce tableau, tenu au bout du bras tendu, limite en effet le champ de la vision nette. (Voy. plus loin.)

nous ce transparent, sans changer sa direction, non plus que les positions de l'œil et du modèle. Un nouveau calque B est exécuté, et nous remarquons qu'il est parfaitement identique au premier,

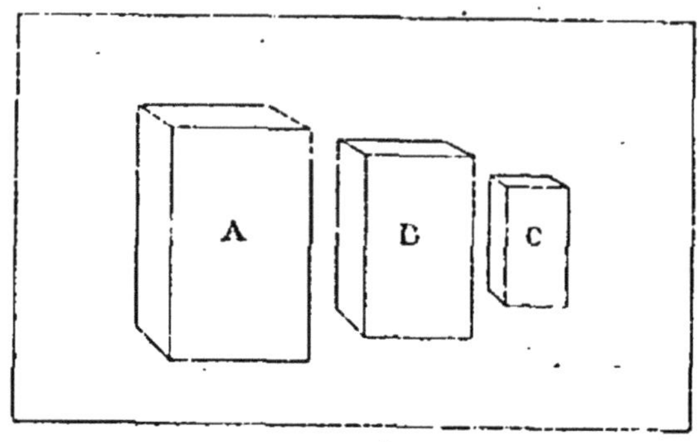

Fig. 4.

abstraction faite de l'échelle. Un troisième calque C, obtenu avec une autre position du tableau, parallèle aux précédentes, mais plus rapprochée encore, nous donne aussi une figure semblable. Autant d'expériences, autant de dessins ne différant que par la dimension. Ramenés à une même échelle, ces dessins seraient absolument pareils. Or, comme ordinairement on amplifie ou on réduit plus ou moins le modèle qu'on a sous les yeux, il devient indifférent de copier l'une ou l'autre des perspectives.

On peut donc placer le tableau à une distance quelconque : tant qu'il conserve la même direction, la perspective ne change pas de forme.

Les élèves vérifient notre expérience en approchant et en éloignant d'eux leur tableau, tenu dans une direction invariable. Ils constatent que, malgré ces déplacements, la perspective des objets qu'ils considèrent reste la même, à l'échelle près.

REMARQUE. — Gardons-nous cependant de tirer une conclusion fausse de ces expériences. On peut placer le tableau à une distance quelconque de l'œil sans changer la perspective, c'est-vrai ; mais peut-on, pendant l'exécution du calque, l'éloigner ou le rapprocher à volonté ? Nullement, car un dessin, quel qu'il soit, doit avoir toutes ses parties à la même échelle ; si je vous prie d'esquisser mon portrait, vous pouvez l'exécuter en miniature ou en grandeur naturelle, peu importe ; mais vous n'avez pas le droit de me faire la tête trop grosse ou les bras trop longs. Or, si la distance du tableau à l'œil variait pendant l'exécution d'un dessin, la proportion entre les diverses parties de celui-ci ne serait plus gardée, et l'on aurait une représentation difforme, en quelque sorte monstrueuse, du modèle.

Tout en reconnaissant à nos élèves le droit de placer leur tableau à une distance arbitraire, nous leur recommanderons donc de conserver invariable cette distance, une fois choisie ; ce qui leur sera facile si, d'après nos conseils, ils tiennent toujours le tableau **au bout du bras bien tendu.**

Faisons maintenant tourner le tableau d'un certain angle, et calquons encore le modèle (*fig.* 5). Cette fois, le dessin est tout différent. Nos élèves répètent cette opération et observent le même changement. Il faut donc conserver invariable, non seulement la distance, mais encore la direction du tableau.

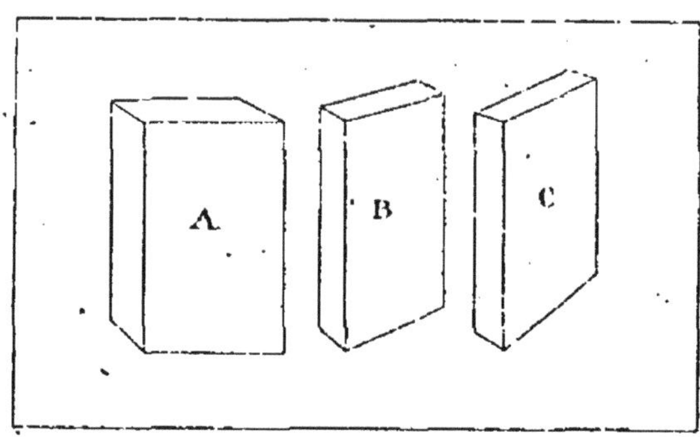

Fig. 5.

En un mot :

La position du tableau est laissée au choix du dessinateur, mais elle ne doit pas varier pendant tout le cours de l'exécution.

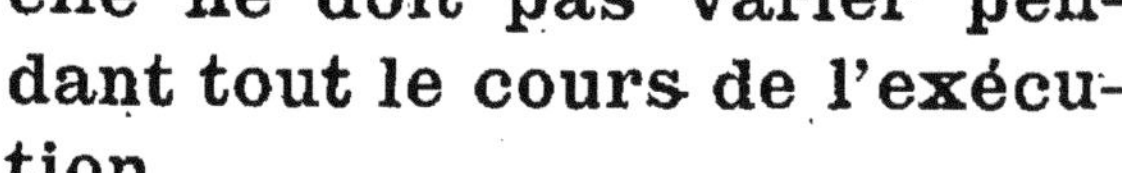
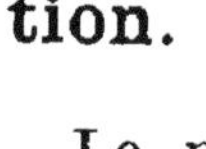
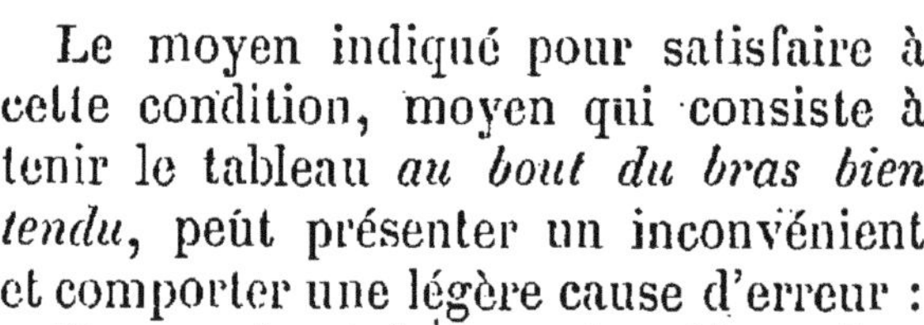
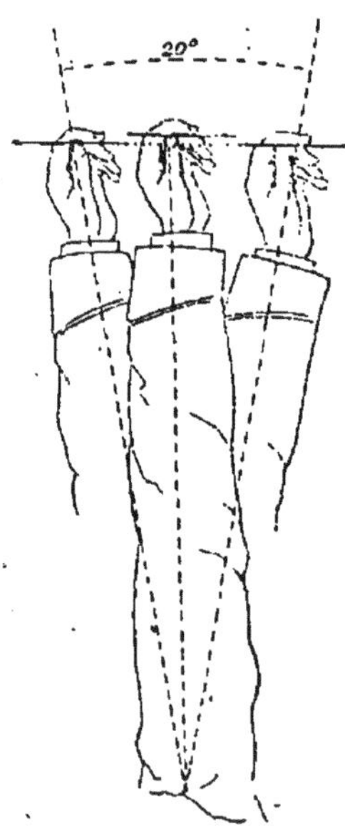

Fig. 6.

Le moyen indiqué pour satisfaire à cette condition, moyen qui consiste à tenir le tableau *au bout du bras bien tendu*, peut présenter un inconvénient et comporter une légère cause d'erreur :

Tenu au bout du bras, le tableau d'un élève peut être trop petit pour contenir tout le modèle. Il faut alors le porter *parallèlement à lui-même* vers la gauche ou la droite, pour l'amener successivement devant toutes les parties à dessiner ; tel est l'inconvénient, peu grave, comme on le voit. Dans ce mouvement, il décrit un arc de cercle ayant le bras pour rayon (*fig.* 6) ; par suite, sa distance à l'œil varie un peu (1) : telle est la cause d'erreur. Mais un objet, pour être représenté dans de bonnes conditions, ne doit pas dépasser les côtés d'un angle de 20 à 30° ayant l'œil pour sommet. Le déplacement du bras est donc assez peu de chose, et l'erreur qui peut en résulter est négligeable dans la pratique.

CHAMP DE LA VISION NETTE

Le modèle, disons-nous, ne doit pas dépasser les côtés d'un angle de 20 à 30° ayant l'œil pour sommet. Ceci demande quelques explications.

Quand vous regardez un objet, vous voyez en même temps tout ce qui l'entoure. Mais il y a voir et voir : tandis que l'objet fixé offre à vos regards des contours et des détails nettement définis, les corps environnants vous paraissent avoir des formes plus vagues, et d'autant plus vagues qu'ils sont plus éloignés vers la droite ou la gauche, vers le haut ou le bas.

Où s'arrête la *vision distincte* et où commence la *vision confuse?* Il est difficile de le dire, car ces mots n'ont pas une signification bien précise; d'ailleurs, le passage de la vision confuse à la vision distincte se fait par une transition continuelle et insensible. Si, par exemple, vous regardez dans une certaine direction, et qu'une personne se trouve dans une direction très différente, vous ne percevez qu'une tache où la forme humaine n'est guère reconnaissable. Mais si cette personne s'approche du point que vous visez plus particulièrement, vous distinguez successivement son sexe, sa taille, son attitude, les diverses parties de son habillement, enfin sa physionomie avec tous ses détails. Pourriez-vous dire à partir de quel moment vous avez vu *distinctement* cette personne?

La vision nette, si vous regardez devant vous avec l'in-

1. On sait que la distance d'un plan ou d'une droite à un point se mesure sur la perpendiculaire abaissée de ce point sur le plan ou sur la droite.

différence de quelqu'un qui veut simplement savoir en quel
lieu il se trouve, la vision nette, dis-je, pourra être comprise entre deux directions formant un angle de 90° et plus.
Mais si, regardant fixement un mot de la page que vous
lisez actuellement, vous voulez lire ou deviner ceux qui
l'entourent, vous ne réussirez que pour un très petit
nombre : dans ce cas, l'angle de vision nette sera très peu
ouvert (quelques degrés seulement).

*Pour le dessinateur, la vision est nette quand elle lui per-
met de saisir facilement les rapports qui existent entre les
diverses parties du modèle. L'expérience a appris que dans
ce cas* **l'angle de vision nette ne dépasse guère une
vingtaine de degrés.** (30° est un maximum qu'il ne faut
pas atteindre.)

Si vous voulez vous rendre un compte exact de la portée
de cette remarque, confectionnez un cornet de papier ayant
une longueur au moins égale à deux fois et demie ou trois
fois le diamètre de son ouverture; après en avoir coupé la
pointe, servez-vous-en comme d'une lorgnette : vous éprou-
verez un véritable plaisir en voyant avec quelle netteté les
objets vous apparaissent dans le champ limité de cet instru-
ment primitif.

Imposez-vous la loi de ne dessiner que les objets pouvant
être encadrés dans ce cornet maintenu horizontal, et vous
en retirez plusieurs avantages : vous verrez simultanément
toutes les parties du modèle, et il vous sera plus facile d'apprécier leurs relations; votre dessin représentera avec netteté des objets vus nettement d'un seul coup d'œil, et
acquerra ainsi un caractère plus accentué de vérité.

RAYONS ET CONE VISUELS

Les corps ne sont visibles que lorsqu'ils envoient à notre
œil des rayons de lumière qu'on appelle ordinairement
rayons visuels.

L'ensemble de ces rayons, si le modèle est dessiné dans

de bonnes conditions, doit être entièrement compris dans le cornet mentionné ci-dessus, qu'on appellera *cône des rayons visuels* ou *cône visuel*.

L'axe de ce cône porte le nom de *rayon visuel central;* il est perpendiculaire au tableau dans sa position normale; c'est pourquoi il a été dit plus haut que le cornet (ou, pour plus de précision, le rayon visuel central) doit être horizontal.

FIGURES DE FRONT

C'est d'abord sur leur tableau, tenu verticalement dans une direction constante, au bout du bras bien tendu, que les enfants apprendront à déterminer la perspective des lignes du modèle. Un peu plus tard, ils ne se serviront plus du tableau, mais, le supposant toujours présent, ils relèveront les directions et les longueurs apparentes en les cachant par un crayon, un fil, un double décimètre, etc., tenus *dans un plan vertical invariable.*

Ce plan et tous ceux qui lui seront parallèles seront des **plans de front,** et on appellera **ligne de front, figure de front** toute ligne, toute figure contenue dans un tel plan.

On ne doit pas, en perspective, accorder d'autre sens aux mots « *de front* ».

Il est vrai que le tableau étant lui-même ordinairement parallèle à la face antérieure du corps, le langage usuel s'autorise de cette concordance pour considérer comme étant de front toute figure parallèle à cette face. Mais il y aurait plus d'un inconvénient à adopter cette définition :

D'abord, la face antérieure de notre corps a une direction assez mal définie, beaucoup plus mal que le plan du tableau.

En outre, comme la perspective d'un objet est différente suivant qu'il est ou non de front, il faudrait admettre que, le tableau restant immobile, cette perspective varie avec le côté vers lequel le dessinateur se tourne sans changer de place, conclusion démentie par notre expérience quotidienne.

Enfin, on serait amené à confondre les mots *apparence* et *perspective*, qui ne sont nullement synonymes.

L'apparence d'un objet n'est pas sa perspective, et réciproquement.

Un même objet, vu du même point, n'a qu'une apparence, tandis qu'il a autant de perspectives qu'on donne au tableau de directions différentes. Tout ce qu'il est légitime de dire, c'est que le modèle et sa perspective ont la même apparence.

Pour nous, nous devons considérer le dessinateur comme un œil, et cet œil comme un point. Or, un point n'ayant pas de direction, les mots « *de front* », redisons-le, expriment le parallélisme du modèle et du tableau et *non le parallélisme du modèle et de l'œil, ce qui n'aurait aucun sens*.

L'expérience nous a déjà appris (*fig.* 4) que les figures de front ne sont pas déformées sur le tableau. Il doit en être ainsi, car si le bras pouvait s'allonger suffisamment, le tableau, déplacé parallèlement à lui-même, irait s'appliquer sur le modèle de front, qui serait alors sa propre perspective.

Donc, les figures de front et leur perspective sont semblables.

FIGURES FUYANTES

On appelle **ligne fuyante, plan fuyant,** toute ligne ou tout plan non parallèles au tableau. Cette dénomination se justifie aisément, car une telle figure s'éloigne du tableau, le *fuit* par une de ses extrémités.

Les figures fuyantes et leur perspective sont ordinairement dissemblables.

DROITES ET PLANS DE PROFIL

Quand le prolongement d'une droite passe précisément par l'œil du dessinateur, sa perspective est un point (*fig.* 7). Cette position particulière peut

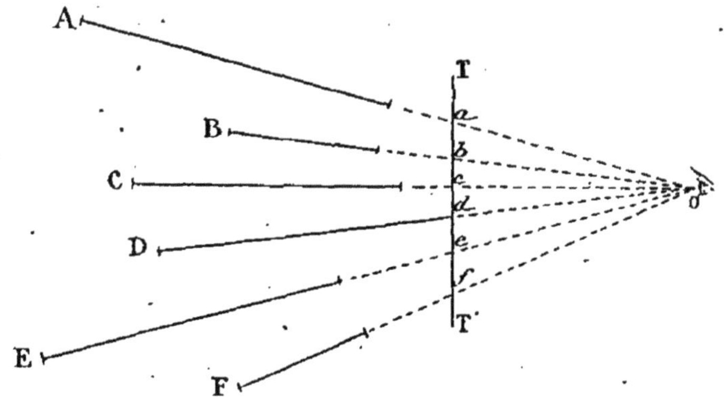

Fig. 7. — A, B, etc., droites de profil, dont les prolongements passent par l'œil O. — TT', tableau. — *a, b, c....* perspectives des droites de profil.

être nettement caractérisée par la dénomination : *de profil,* qui appartient au langage courant et est comprise de tous. Donc, *une* **droite** *est* **de profil** *quand son prolongement passe par l'œil : elle a* pour perspective **un point.**

Un **plan** *est* **de profil** *quand son prolongement passe par l'œil : il a pour perspective* **une droite.**

Quand on aura suffisamment exercé les élèves à distinguer les lignes et les plans *de front, fuyants* et *de profil,* quand ils ne confondront plus ces diverses expressions, on insistera encore particulièrement sur les droites de profil. De jeunes intelligences peuvent, en effet, éprouver quelque difficulté à concevoir couramment des droites représentées par des points et des plans représentés par des droites; d'ailleurs, la notion des droites de profil conduit à une règle perspective très importante.

On appellera donc volontiers l'attention des élèves sur quelques propriétés remarquables des droites de profil :

Si longues ou si courtes qu'elles soient, les droites de profil ont toujours pour perspective un POINT.

Je place mon œil dans l'alignement des tables de la classe, sur le prolongement d'une arête : celle-ci a pour perspective un point. Elle serait longue de dix mètres, de cent mètres, de mille mètres, et de plus encore si vous le voulez, qu'elle aurait toujours la même perspective. Voici maintenant un bout de crayon si petit que j'ai peine à le tenir entre mes doigts; je le place de profil et sa perspective est encore un point.

CONSÉQUENCE.— *Nous ne nous occuperons jamais de la longueur d'une ligne de profil, mais de sa direction seule.*

Pour représenter une ligne de profil, il suffit de représenter l'un quelconque de ses points, car les points d'une telle ligne sont cachés les uns derrière les autres, de sorte que la perspective de l'un d'entre eux est en même temps celle de la ligne tout entière.

La perspective d'une droite de profil est le point où cette droite ou son prolongement rencontre le tableau (*fig.* 8).

En effet, ce point F est sa propre perspective, puisqu'il appartient au tableau. Mais il est en même temps la perspective de tous les autres points de la droite indéfiniment prolongée. Donc, la perspective d'une droite de profil est bien le point où cette droite, ou son prolongement, rencontre le tableau.

Conséquence importante (*fig*.8).—*Une droite de profil* (O*a*) *parallèle au tableau n'a pas de perspective.* Une telle droite ne peut être représentée.

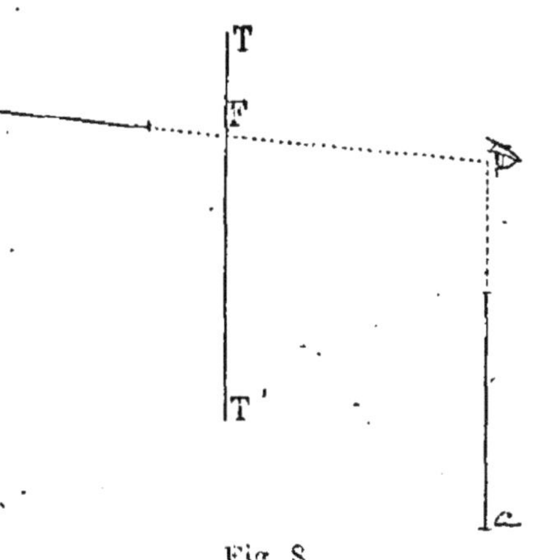

Fig. 8.

On ne trouvera pas trop puérils les développements accordés à des vérités aussi simples, si on songe qu'il s'agit surtout de rendre celles-ci très familières à des enfants. On les complétera même par quelques exercices.

EXERCICES

I. — L'élève dessine exactement le mur qui lui fait face.

Ce travail n'offre aucune difficulté sérieuse.

Sur ce dessin, l'enfant doit placer le point qui se trouve devant lui (*fig*. 9).

Il le détermine en tenant son crayon de profil, perpendiculairement au mur. Il mesure les distances du point trouvé aux contours du mur; enfin il relève ces distances sur son dessin, en les ramenant à l'échelle convenable.

Si le point qui se trouve devant lui est situé sur le dos ou sur la tête d'un de ses camarades, il n'éprouve aucune difficulté nouvelle, car il peut toujours, sur son tableau, tenu exceptionnellement près de son œil, mesurer la distance entre la perspective du point visé et celle des contours du mur.

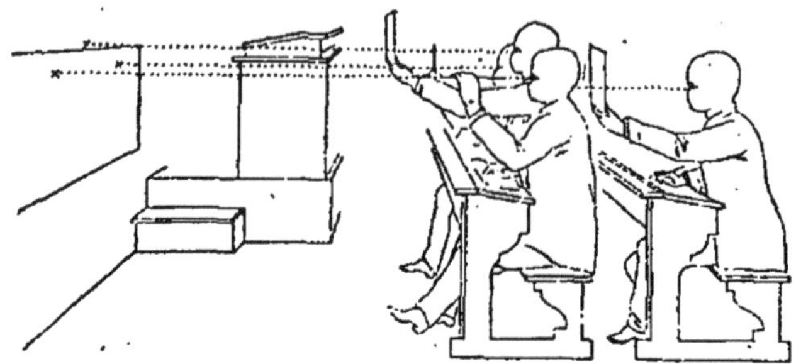

Fig. 9. — Elèves déterminant le point qui se trouve exactement devant leur œil : l'un tient son crayon de profil ; un autre regarde le point trouvé à travers son tableau ; un autre relève sa position au moyen du crayon tenu de front ; un quatrième trouve le point derrière la tête d'un de ses camarades.

Correction : Les dessins sont faciles à corriger par comparaison, même en l'absence des élèves. Chacun doit avoir trouvé un point situé entre ceux que ses deux voisins ont déterminé ; ce point est d'ailleurs plus ou moins élevé suivant la taille de l'élève (*fig.* 9).

II. — Une longue règle, un mètre ou la grande baguette indicatrice étant placés en vue de tous, perpendiculairement au mur, on demande aux élèves de tenir leur crayon de profil dans la même direction et de déterminer le point qui leur est ainsi caché.

Correction : Ce point doit se confondre avec le précédent.

III. — La règle étant tournée un peu vers la droite, les élèves répètent le même exercice.

Correction : Le point trouvé doit être à la droite du précédent et à la même hauteur. La distance entre ces deux points doit être la même pour tous les élèves également éloignés du mur, et d'autant plus grande que ceux-ci sont plus près du fond de la classe. La raison en est facile à saisir. Soit (*fig.* 10) MN une ligne qui représente le plan du mur, et A l'œil d'un élève. Les deux points visés par cet élève sont situés sur les droites de profil A*a* et A*a'*.

De même, les points visés par un autre élève B, également éloigné du mur, appartiendraient aux droites de profil

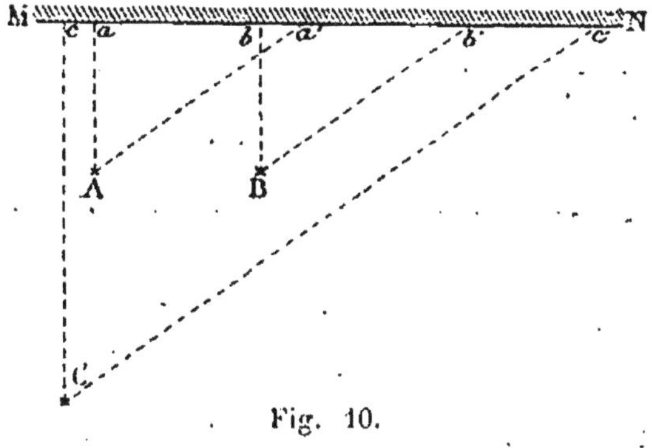

Fig. 10.

Bb et Bb'. Or, l'égalité des longueurs aa' et bb', qui représentent les distances des points trouvés, est trop évidente pour que nous nous attardions à l'établir géométriquement. Nous nous en tiendrons également à la figure pour montrer que cc' est plus grand que aa' et que bb'.

IV. — Même exercice, la baguette indicatrice étant tournée un peu vers la gauche.

Même correction.

V et VI. — Mêmes exercices, l'inclinaison étant un peu plus accentuée.

Si la directrice est tournée vers la droite, les élèves de droite vont trouver un point sur le mur latéral. Ils mesureront sur leur tableau, maintenu parallèle au mur du fond, ou avec le crayon, parallèle à ce même mur, la distance de la perspective du point trouvé à celle de l'arête verticale du mur. Quand la directrice est tournée vers la gauche, la même remarque s'applique aux élèves de ce côté.

VII. — On ramène la directrice dans le plan vertical perpendiculaire au mur et on lui donne une direction ascendante : même exercice.

Correction : Le point trouvé doit être au-dessus du premier. La distance entre ces deux points est la même pour tous les élèves également éloignés du mur, elle est plus grande pour les élèves du fond de la classe. (Voy. troisième exercice.)

VIII et IX. — **La directrice, toujours inclinée, est tournée vers la droite ou vers la gauche.**

X. — **La directrice étant inclinée davantage,** les élèves du fond trouvent des points sur le plafond. Ils opèrent comme ceux qui, précédemment, trouvaient des points sur les murs latéraux.

XI, XII, XIII, XIV. — Ces exercices seraient la contre-partie des quatre derniers, la directrice étant descendante.

CHAPITRE II

INFLUENCE DE L'ÉLOIGNEMENT

SUR LA PERSPECTIVE DES OBJETS

Théorème. — *L'œil et le tableau étant immobiles,* **la perspective d'un même objet est d'autant plus petite qu'il est plus éloigné du tableau.**

La figure 14 le montre clairement. Car, d'après la définition donnée (p. 13), si une même droite occupe successivement les positions AB, CD et EF, elle aura pour perspectives *ab, cd* et *ef.*

Cette loi peut être vérifiée par l'expérience :
Placez deux règles égales, deux exemplaires du même livre, deux boîtes pareilles, à des distances diverses, et faites mesurer leur grandeur apparente par chaque élève,

sur son tableau : l'objet le plus éloigné aura la plus petite perspective.

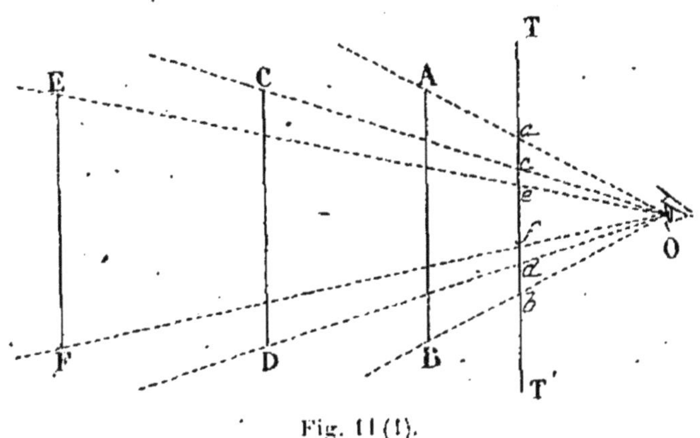

Fig. 11 (1).

De même, la perspective des tables du fond de la classe est plus petite que celle des tables de l'entrée; les bords des cartes et des tableaux ont des perspectives inégales : les plus éloignés ont les perspectives les plus courtes.

APPLICATIONS

— Devant chaque élève est placé un cahier dont les grands bords sont parallèles au tableau (*fig.* 12 . Dessiner ce cahier.

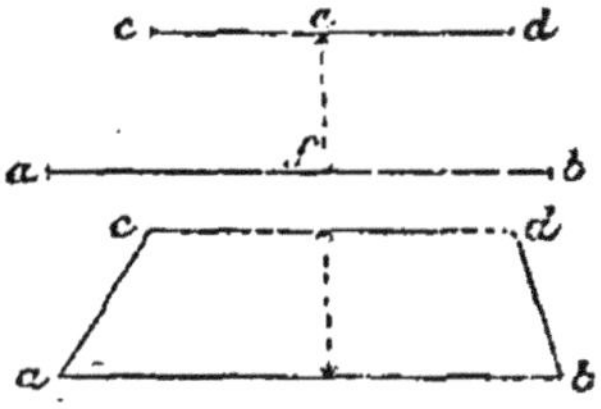

(A) *Représenter le bord antérieur.* Puisque ce bord est horizontal et de front, sa perspective est une horizontale ab.

Fig. 12.

(B) *Dessiner le bord postérieur.* Sa perspective est une autre horizontale cd, plus courte que la précédente, parce qu'elle représente une ligne égale et plus éloignée du tableau.

1. On pourrait croire qu'entraîné par le désir de rendre plus net un résultat prévu, le dessinateur a fait CD plus petit que AB, EF plus petit que CD. Il faut se garder de cette illusion d'optique, d'ailleurs complètement étrangère à la perspective : le compas montre que AB, CD, EF sont égales, quoiqu'elles ne paraissent pas telles.

La distance *ef* entre les deux parallèles *ab* et *cd* est déterminée par une mesure directe sur le tableau transparent.

(c) *Dessiner les deux autres côtés.* Il suffit de joindre les extrémités des précédents.

La perspective du cahier a la forme d'un trapèze *abcd*.

— Le cahier est porté un peu vers la gauche (*fig.* 13).

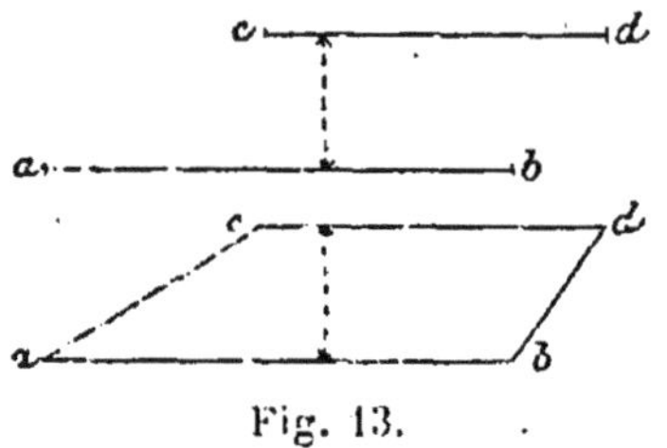
Fig. 13.

(A) *Représenter le bord antérieur* ab, *puis le bord postérieur* cd.

(B) *Représenter les deux autres côtés.*

La perspective est encore un trapèze, mais cette fois les côtés non parallèles sont tous deux inclinés vers la droite.

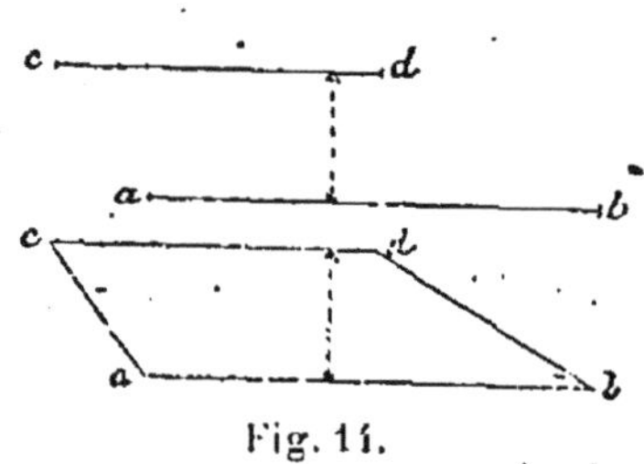
Fig. 14.

— Le cahier est porté un peu vers la droite (*fig.* 14).

Même construction et résultat analogue, les côtés non parallèles du trapèze étant, cette fois, inclinés vers la gauche.

— Un livre remplace le cahier dans sa première position (*fig.* 15).

Fig. 15.

(A) *Représenter la couverture*, en opérant comme précédemment.

(B) *Représenter le côté antérieur de la tranche.* Son épaisseur est supposée ici le 1/8 de sa longueur.

— Le livre est placé un peu à gauche de l'élève (*fig.* 16).

(A) *Représenter la couverture*, comme ci-dessus.

(B) *Représenter le côté antérieur de la tranche.*

(C) *Déterminer l'épaisseur du livre en son bord postérieur.*
Cette épaisseur est, d'après la supposition précédente, le 1/8 de la longueur du bord postérieur.

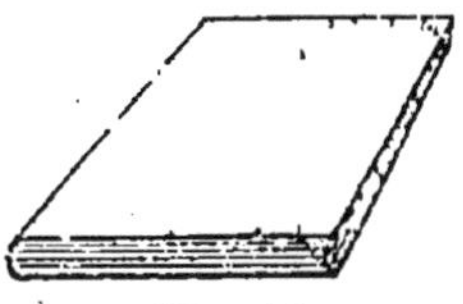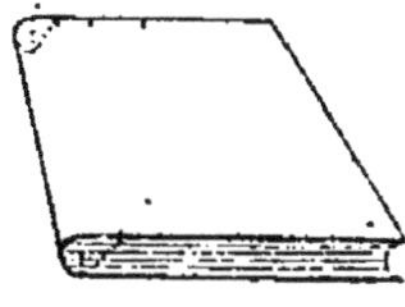

Fig. 16.   Fig. 17.

(D) *Achever le dessin.*
S'il est exact, les trois arêtes visibles qui ne sont pas de front doivent se diriger vers un même point.

— **Le livre est placé un peu à droite de l'élève** (*fig.* 17).

Même exercice.

— **Le livre est placé un peu à droite, verticalement, de manière à présenter de front un côté de sa tranche** (*fig.* 18).

(A) *Représenter les longs côtés antérieurs* par deux verticales égales.

(B) *Représenter le long côté postérieur visible* par une verticale plus courte que les précédentes et placée à leur gauche.

(C) *Achever le dessin.*

Fig. 18.   Fig. 19.

— **Le livre est placé debout, là tranche de front, à gauche de l'élève** (*fig.* 19).
Même exercice.

— **Le livre est ouvert devant l'élève** (*fig.* 20).

(A) *Représenter la partie antérieure de la tranche,* en ayant soin de donner à ses deux moitiés les mêmes dimensions.

(B) *Représenter la partie postérieure visible de la tranche*

Fig. 20.

par une ligne sinueuse semblable à celle qui lui correspond antérieurement, mais plus petite que celle-ci.

(c) *Achever le dessin*, en réunissant par des droites les sommets correspondants des deux lignes. Ces droites, qui ne sont pas de front, doivent concourir en un même point.

— Trois livres égaux sont alignés les uns derrière les autres, les couvertures de front, un peu à gauche de l'élève (*fig.* 21).

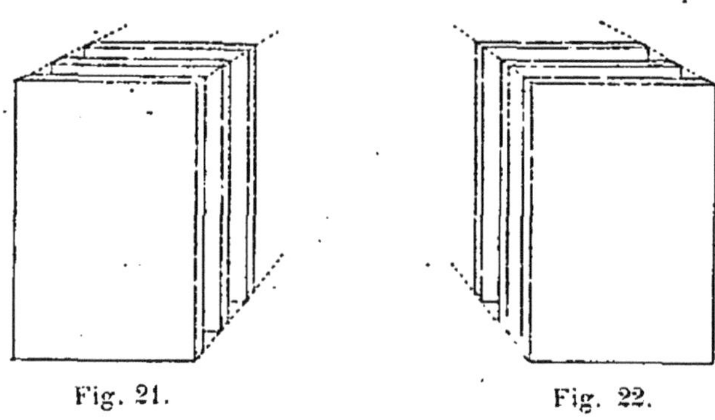

Fig. 21.   Fig. 22.

(A) *Représenter le long côté gauche du premier* par une verticale.

(B) *Représenter le long côté droit du même* par une verticale égale à la précédente.

(C) *Représenter les autres longs côtés visibles*. Ce sont ceux de droite; leur perspective est d'autant plus petite qu'ils sont plus éloignés. Leurs extrémités, supérieures ou inférieures, sont en ligne droite. L'épaisseur perspective (1) des livres diminue à mesure que leur éloignement augmente.

(D) *Représenter les petits côtés visibles*, auxquels s'appliquent les mêmes remarques, et *achever le dessin*.

---

1. Nous employons ici le mot *perspective* adjectivement.
Nous userons souvent de cette forme de langage; nous dirons, par exemple :
Une fuyante perspective, pour *la perspective d'une fuyante;*
Des parallèles perspectives, pour *les perspectives de parallèles;*
Un cercle perspectif, pour *la perspective d'un cercle;*
Des divisions perspectivement égales, pour *les perspectives de divisions égales*, etc.

— Les trois livres sont placés d'une manière analogue, un peu à droite de l'élève (*fig.* 22).

Même exercice.

— Les trois livres sont disposés de manière à figurer une porte, dont la baie est à hauteur des yeux (*fig.* 23).

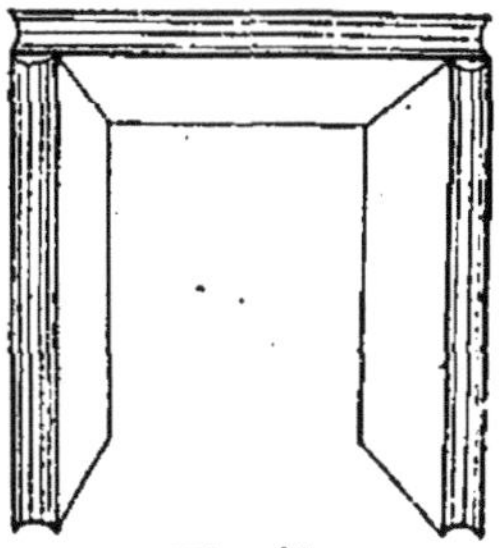

(A) *Représenter les six longs côtés antérieurs.*

(B) *Représenter les trois longs côtés postérieurs visibles.* Ils limitent l'ouverture postérieure, dont la perspective est semblable à celle de l'ouverture antérieure, mais plus petite que celle-ci.

Fig. 23.

(C) *Représenter les quatre petits côtés visibles.* Si la figure est bien faite, leurs prolongements doivent se rencontrer en un même point, comme on le démontrera plus tard.

Il faut laisser à l'intelligente initiative des maîtres le soin et le plaisir d'augmenter cette liste d'exercices. Les précédents suffisent pour montrer comment, dans les premières leçons, qui exigent un modèle pour chaque élève, on peut utiliser les ressources naturelles de l'école, livres et cahiers, sans être obligé de recourir à des collections de modèles plus parfaits, mais aussi plus coûteux.

CHAPITRE III

PERSPECTIVE DE DEUX PARALLÈLES

PARALLÈLES DE FRONT ET PARALLÈLES FUYANTES

Règle. — **Deux parallèles de front doivent être représentées par des parallèles, et deux parallèles fuyantes par des droites convergentes.**

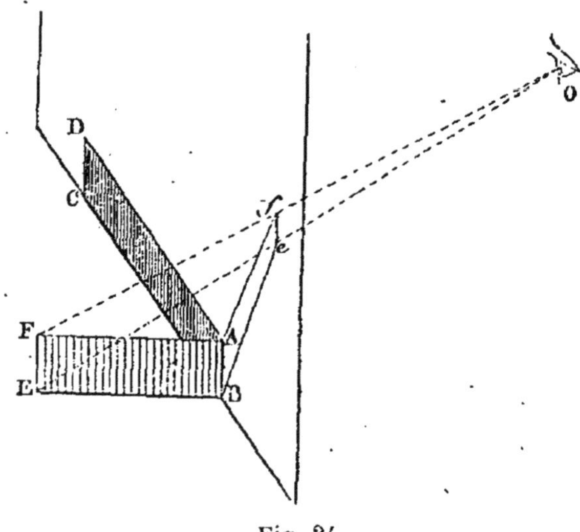

Fig. 24.

Cette règle n'est qu'une simple conséquence de nos observations antérieures, et nous l'avons même appliquée dans les exercices du chapitre précédent. En voici cependant une démonstration : soit (*fig.* 24) à dessiner une feuille de carton pliée suivant AB, notre œil étant en O, et la partie ABCD étant de front. Le tableau, dans cette supposition, est parallèle à ABCD, ou bien appliqué précisément contre cette face, qui se confond alors avec sa perspective (c'est ce

que représente la figure 24). Dans ce dernier cas, AB et CD
sont parallèles par hypothèse. Dans le premier, elles sont
encore parallèles, puisque, le tableau n'ayant pas tourné,
la perspective n'a pas changé de forme (1). Ces parallèles
de front ont donc pour perspectives des parallèles.

Il en est de même des parallèles de front AB et EF. Si le
tableau contient AB, on remarque que EF est parallèle à AB
par hypothèse, et que *ef* est parallèle à EF, puisque cette
dernière est de front. Donc AB et *ef* sont parallèles dans ce
cas. — Si le tableau était avancé parallèlement à lui-même,
AB ne le toucherait plus; mais, comme la perspective ne
changerait pas de forme, AB et EF seraient encore représentées par des parallèles.

D'autre part, dans la face ABEF, le côté AB se confond
bien encore avec sa perspective, mais le côté opposé EF est
en arrière de la sienne *ef*; *ef* est donc moins long que EF, et,
par suite, que AB; en d'autres termes, les fuyantes parallèles AF, BE, ont pour perspectives les droites convergentes
A*f* et B*e*.

CONSÉQUENCE

Copions d'après nature deux parallèles : les
côtés fuyants d'une table,
par exemple (*fig*. 25).
Prolongées, les droites
du dessin qui les repré-
sentent finissent par se
rencontrer en F. Cette
intersection est la per-
spective d'un point si-
tué au delà de tout éloignement.

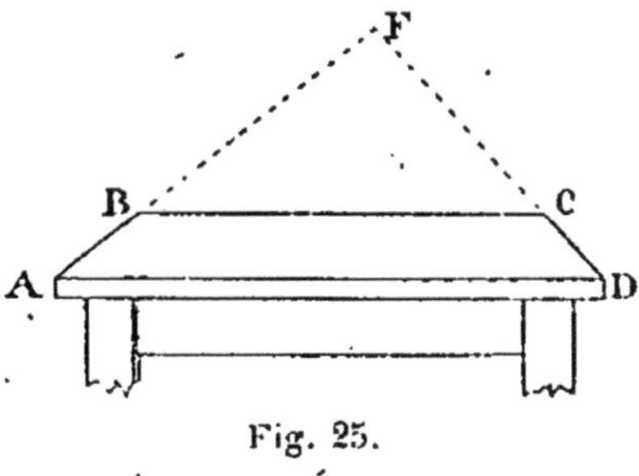

Fig. 25.

En effet, la distance entre deux parallèles, si loin qu'on
la mesure, ne paraît jamais nulle, puisque les parallèles ne

1. Voy. p. 16.

se touchent pas; il faut donc aller plus loin, encore plus loin, puis plus loin encore, pour se rapprocher, sans espoir de jamais l'atteindre, du point où la distance apparente des parallèles se trouve réduite à rien.

Chose extrêmement remarquable : DC représente une ligne de quelques décimètres, et DF ne semble qu'un petit nombre de fois plus grand. Pourtant, cherchez à évaluer la longueur qu'elle représente : ajoutez les mètres aux mètres, les kilomètres aux kilomètres, les millions de kilomètres aux millions de kilomètres, vous serez bien au-dessous de la vérité; passez un an, dix ans, vingt ans, votre existence entière à entasser chiffres sur chiffres pour exprimer cette immense longueur; multipliez le résultat de votre gigantesque et inutile travail par ceux qu'auraient obtenus mille autres, s'y livrant comme vous, et vous n'aurez pas l'idée, même approchée, de l'éloignement du point représenté en F.

Le point représenté en F est à l'infini.

Or, la perspective de ce point que ne peut atteindre une ligne prolongée au delà de toute expression, est très facile à déterminer, et les services qu'elle rend sont tels, d'ailleurs, que bientôt nous ne pourrons plus guère nous en passer.

CHAPITRE IV

DU POINT DE FUITE

Soient (*fig.* 26) deux parallèles AB et CD, coupées par une série de transversales AC, M_1N_1, M_2N_2, M_3N_3, etc., également parallèles entre elles.

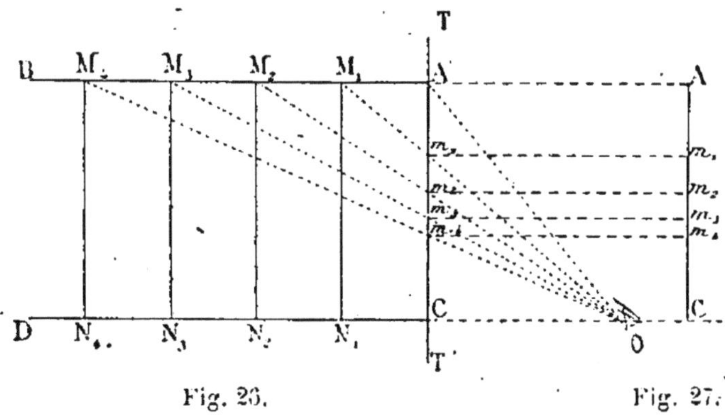

Fig. 26.   Fig. 27.

Pour regarder cette sorte d'échelle, supposons notre œil en O, sur le prolongement de CD, et le tableau TT′ contenant AC. Dans cette position, nous remarquons :

1° Que le montant CD, vu de profil, a pour perspective un point ;

2° Que AC cache tous les échelons $M_1\,N_1$, $M_2\,N_2$ et aussi le montant AB.

De sorte que la perspective de l'ensemble est une ligne droite (*fig.* 27).

La partie Am_1 de cette perspective représente

la partie AM, du montant. Si le premier échelon M, N, venait à être enlevé, la partie M, M$_2$ du montant AB deviendrait visible et serait représentée en m_1m_2, mais la figure 27 n'en serait nullement modifiée. Si on enlevait le second échelon M$_2$ N$_2$, puis tous les autres successivement, le montant AB deviendrait entièrement visible, mais sa perspective n'en continuerait pas moins à se diriger vers le point C (*fig.* 27), perspective du montant CD.

Nous pouvions prévoir ce résultat, car les deux parallèles fuyantes, AB et CD, paraissant convergentes, si l'une d'elles est représentée par un point, il faut bien que l'autre se dirige vers ce point.

En outre, C (*fig.* 27) *est la perspective du point situé à l'infini sur le prolongement de* AB, car c'est en C que se rencontrent les perspectives de AB et de CD, et cette intersection représente, comme nous le savons, le point situé à l'infini sur chacune des deux parallèles.

On dit que C *est le point de fuite de* AB.

D'où la définition suivante :

Le point de fuite d'une droite est la perspective du point situé à l'infini sur le prolongement de cette droite.

L'expérience pourrait être exécutée réellement, avec une véritable échelle. Les figures 28 et 29 montrent la disposition à adopter et l'aspect qui en résulte.

On pourrait encore se passer des échelons et opérer simplement avec deux perches parallèles dont l'une serait regardée de profil. Deux règles, deux crayons, etc., remplaceraient au besoin ces perches (*fig.* 30).

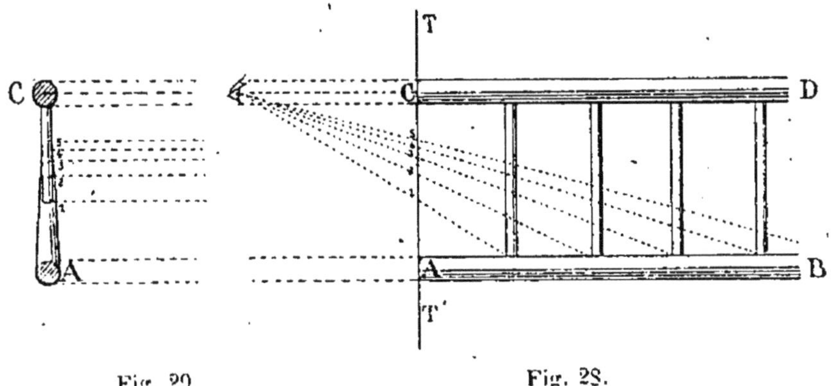

Fig. 29.   Fig. 28.

De quelque manière que nous opérions, nous arriverons toujours à cette conclusion :

La perspective de toute droite se dirige vers le point qui représente sa parallèle de profil.

Voici une autre expérience destinée à établir la même vérité :

Entr'ouvrons un livre ou une boîte, une feuille pliée de

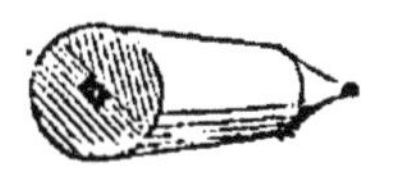

Fig. 30.

papier fort, etc., et plaçons notre œil sur le prolongement du côté immobile opposé à la charnière.

Dans la figure 31, ce côté est appelé B.

Plaçons un crayon en DB comme l'indique la même figure. Si notre œil est soigneusement amené dans la position convenable, c'est-à-dire en O, CD nous paraîtra avoir précisément la même direction que le crayon, et, par suite, tendre vers le point B, ce que montre la figure 32. Qu'un tableau transparent soit interposé entre l'œil et le livre, nous trouverons cette fois encore que la perspective de CD fuit vers le point B, qui, à lui seul, représente sa parallèle de profil.

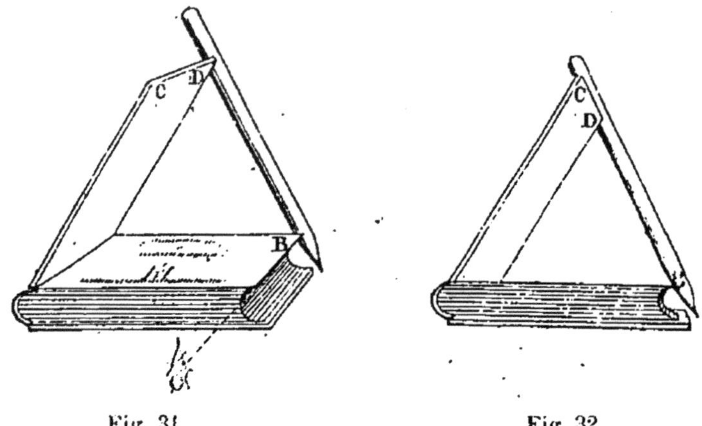

Fig. 31.   Fig. 32.

Nous pourrions, comme variante, placer notre œil sur le prolongement de CD; le point qui représenterait cette ligne serait le point de fuite de B.

Quand les élèves auront répété plusieurs fois ces expériences, qu'ils se seront familiarisés avec ces « *parallèles qui se rencontrent* », avec ces « *droites vues comme des points* », il sera temps de leur faire déterminer le point de fuite de quelques lignes.

Règle. — Pour trouver le point de fuite d'une droite, on mène sa parallèle de profil. La perspective du point qu'on vise ainsi est le point de fuite cherché.

La recherche d'un point de fuite ne doit plus offrir à l'élève aucune difficulté, car il ne s'agit pour lui que de répéter un précédent exercice.

En effet, quand nous lui avons dit de représenter son crayon de profil dans la même direction que la baguette indicatrice, nous lui avons fait, en réalité, déterminer le point de fuite de celle-ci.

Voici d'ailleurs une excellente occasion d'apprécier la justesse de son œil et la promptitude de son esprit :

Si vous lui demandez de dessiner, avec le point qui représente son crayon, la baguette indicatrice elle-même, peut-
être pensera-t-il qu'il est en présence de deux parallèles,
dont l'une, de profil, a pour perspective un point, et, dans
ce cas, il dirigera la perspective de l'autre, c'est-à-dire de
la baguette, vers ce point.

S'il ne fait pas ce raisonnement, la direction de la baguette, sur son dessin, s'écartera plus ou moins du point
qui représente son crayon, mais l'erreur sera d'autant
moindre que son œil verra plus juste.

Nos observations sur les parallèles perspectives nous ont
donc conduits à la notion du point de fuite, et cette notion,
à son tour, nous fournit une vérification pour le tracé des
fuyantes. De même, en arithmétique, une seconde opération
sert de preuve à une première.

Nous ne négligerons pas cette ressource, et *nous déterminerons ordinairement la perspective d'une fuyante par une*
double opération :

1° *Nous la cacherons au moyen du crayon tenu de front,
ou appliqué contre le tableau;*

2° *Nous déterminerons son point de fuite en cherchant la
perspective de sa parallèle de profil.*

EXEMPLE. — **Soit à représenter** (*fig.* 33) **l'arête horizontale fuyante d'un
mur.**

Ayant dessiné une arête
verticale AB de ce mur,
nous savons que la fuyante
cherchée passe par le point A,
et notre crayon de front nous
donne AC pour la direction
de sa perspective.

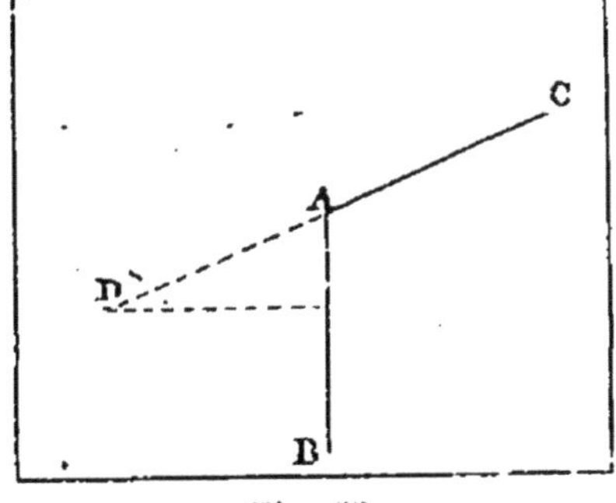

Fig. 33.

Tenons maintenant le
crayon de profil parallèlement à cette même fuyante; le

point visé est représenté en D. Si ce point D est sur le prolongement de CA, il y a de grandes chances pour que notre double détermination soit exacte. S'il s'écarte de ce prolongement, nous recommencerons les deux opérations jusqu'à concordance parfaite.

REMARQUES IMPORTANTES

1° *Toute ligne* **horizontale** *a son point de fuite à la hauteur de l'œil du dessinateur.*

2° *Les lignes de front n'ont pas de point de fuite.*

En effet, les parallèles de profil menées aux lignes de front sont en même temps parallèles au tableau, et nous savons que de telles lignes de profil n'ont pas de perspective (1).

CHAPITRE V

PERSPECTIVE DES PARALLÈLES EN NOMBRE QUELCONQUE

Deux parallèles fuyantes étant sous nos yeux, proposons-nous de les dessiner. Notre crayon de profil, maintenu parallèle à l'une d'elles, détermine son point de fuite sur le tableau ou son prolongement; mais il est aussi parallèle à l'autre. Donc, *deux parallèles ont un même point de fuite.*

Cette conclusion n'est certes pas nouvelle pour nous, car nous avons eu déjà bien des fois l'occasion de l'énoncer diversement avant de lui donner cette forme définitive.

1. Voy. p. 25.

S'il y avait plus de deux parallèles, le crayon de profil, parallèle à l'une, serait en même temps parallèle à toutes les autres. Donc, **toutes les parallèles ont le même point de fuite, quels que soient leur nombre et leur position.**

Ainsi, dans l'expérience faite précédemment avec un livre, un album, une boite, un papier plié, l'ouverture peut varier, et CD prendre des positions différentes, C'D', C"D", etc. (*fig.* 34). Toujours cette ligne se dirige vers le point B.

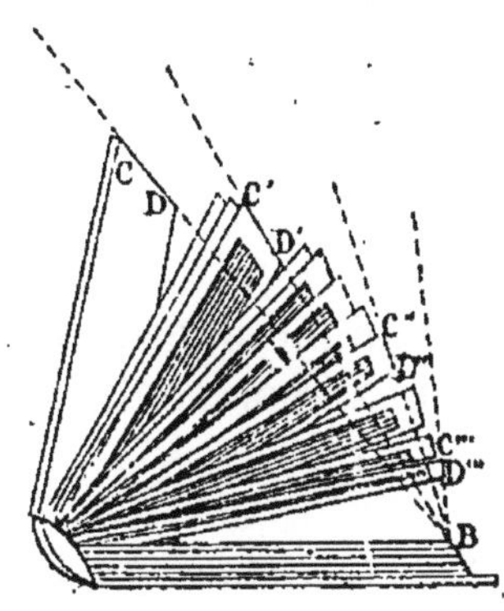

Fig. 34.

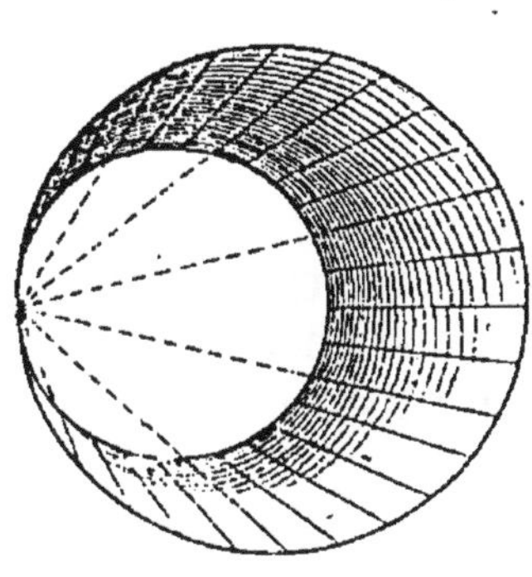

Fig. 35.

On peut démontrer la même loi de la manière suivante :

Une feuille de papier portant des droites parallèles à deux de ses côtés (une feuille de cahier, par exemple) est roulée de manière à réunir ceux-ci et à former une sorte de tuyau rayé suivant sa longueur.

On interpose le tableau, on vise l'une des parallèles, qui se trouve alors de profil, et l'on voit toutes les perspectives des autres se diriger vers le point qui la représente, comme dans la figure 35.

Étendue aux parallèles de front, cette loi nous permet de généraliser une règle énoncée précédemment :

Les perspectives des droites de front devraient en effet se rencontrer en un point de fuite commun ; mais, comme ce point n'existe pas, les perspectives ne se rencontrent pas, et comme elles sont toutes dans un même plan, celui du tableau, elles sont parallèles.

Les perspectives des parallèles de front sont géométriquement parallèles.

APPLICATIONS

Nos modèles sont encore empruntés au mobilier scolaire. C'est ainsi que, dans la figure 36, on a représenté **trois livres alignés devant le dessinateur.**

Celui-ci a dû d'abord dessiner les tranches de front, puis déterminer par expérience le point de fuite F de tous les côtés fuyants, et contrôler l'exactitude de ce point en s'assurant qu'il était bien l'intersection de

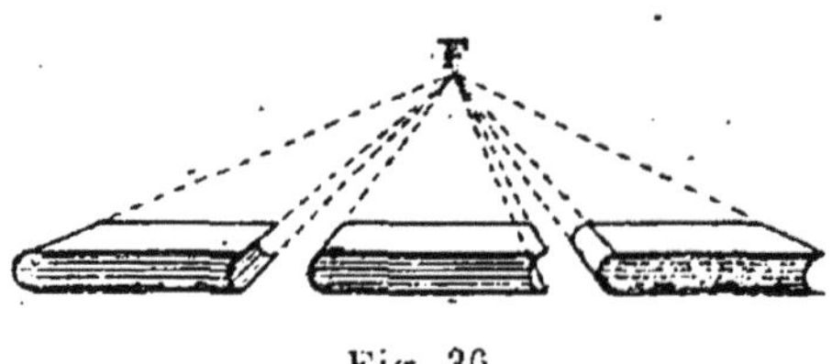

Fig. 36.

toutes les perspectives des fuyantes prolongées du modèle. Ces perspectives une fois tracées, il a mesuré à vue la hauteur perspective des livres, et il a pu ainsi dessiner les côtés de front les plus éloignés de lui. L'achèvement du dessin n'a présenté aucune difficulté.

Si, comme dans la figure 37, vous proposez pour modèles **trois livres reposant, entr'ouverts, sur leur**

tranche, l'élève dessinera d'abord la partie de cette tranche qui est de front ; il déterminera ensuite le point de fuite F, comme précédemment ; ce point trouvé et vérifié, il n'éprouvera aucun embarras pour le reste.

La figure 38 est la perspective de **quatre livres égaux, superposés et en retrait les uns sur les autres**, comme les marches d'un escalier.

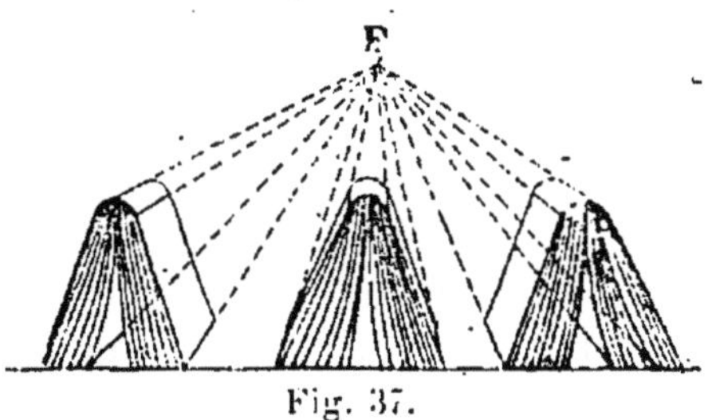

Fig. 37.

Pour faire ce dessin, on mesurerait, en son extrémité la plus voisine de l'œil, l'épaisseur AB du livre supérieur, que l'on porterait quatre fois sur la même verticale AM.

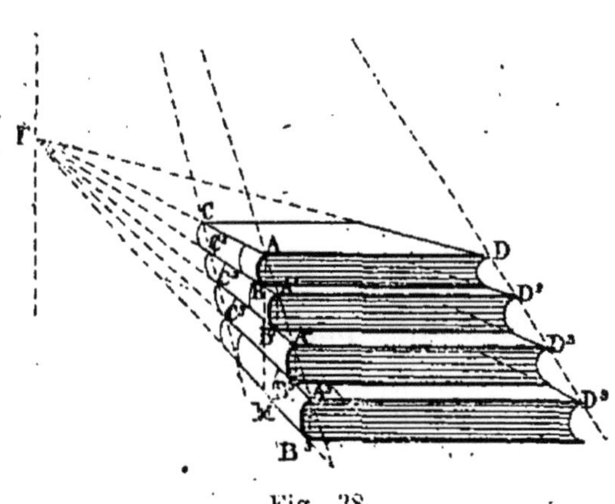

Fig. 38.

On déterminerait ensuite le point de fuite F où devraient converger les perspectives des cinq côtés fuyants passant par les extrémités et les points de division de la verticale AM.

Les points A, A¹, A², A³, étant sur une même droite, on déterminerait à vue l'inclinaison perspective de celle-ci, et les petites verticales AB, A'B', A²B², A³B³ donneraient l'épaisseur des livres en leur partie antérieure.

AD représentant un côté de front du livre supérieur, et AC un côté fuyant du même livre, on trouverait facilement les côtés correspondants des autres, en remarquant que $CC^1C^2C^3$ et $DD^1D^2D^3$ sont des parallèles perspectives à $AA^1A^2A^3$. Le point de fuite commun de ces trois lignes, déterminé expérimentalement, devrait être situé sur la même verticale que le point F.

Enfin, la partie visible des côtés fuyants qui passent par $DD^1D^2D^3$ aurait sa perspective dirigée vers F.

Evidemment nous n'allons pas ici passer en revue tous les motifs qui peuvent être proposés aux élèves; l'imagination des maîtres comblera aisément cette lacune.

Ces motifs devront présenter au moins trois parallèles fuyantes pour que l'élève ait l'occasion de faire *sciemment* converger leurs perspectives en un même point : s'il n'y avait que deux parallèles, ces perspectives se rencontreraient forcément, que l'élève ait ou non compris et appliqué la règle.

Quelques-uns de nos précédents exercices (voy. *fig.* 16, 20, 21, 22, 23, p. 31 et suiv.) satisfont à cette condition. On pourra les reprendre, en communiquant aux élèves les remarques que nous avons faites alors incidemment, à l'usage exclusif des maîtres, pour leur faciliter la correction des dessins.

Le mobilier de la famille peut, de son côté, fournir des modèles très intéressants et très variés. On peut, par exemple, donner en devoir le dessin d'une porte ou d'une fenêtre ouvertes, d'un volet, d'une persienne, d'une cage, d'une armoire, d'une boîte à sel, d'un lit, d'un dé à jouer, d'un château de cartes, etc., etc.

A titre de spécimen, nous allons représenter la **tour de dominos** (*fig.* 39).

Notre modèle a cinq assises, deux de front et trois fuyantes.

Les points de rencontre de ces assises forment plusieurs lignes verticales. Dessinons, par exemple, AB, que nous voyons tout entière.

Le cinquième de AB est la hauteur d'un domino de

front, et, comme on sait que la longueur d'un domino est double de sa hauteur, voilà le quatre-cinq et le trois-six représentés.

Occupons-nous maintenant du blanc-un, du deux-cinq et du double-blanc : Leurs côtés fuyants sont des parallèles dont les perspectives concourent au point de fuite F, déterminé expérimentalement.

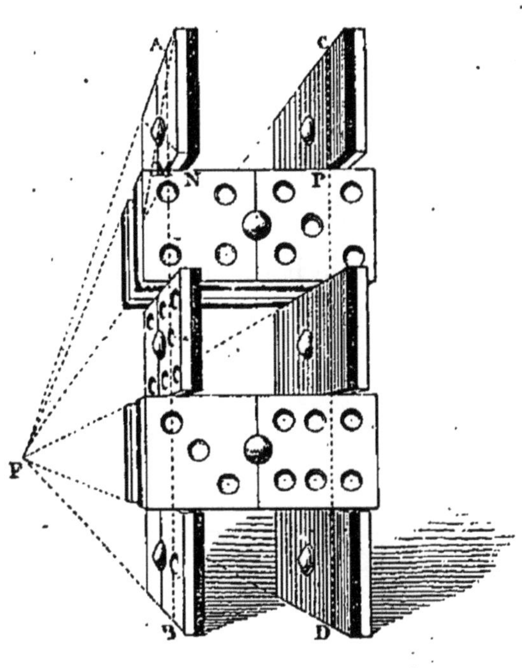

Fig. 39.

La longueur perspective de ces côtés étant trouvée de la même manière, rien n'est plus facile que d'achever les faces fuyantes des trois dominos.

Pour chacun d'eux, la ligne médiane est une verticale passant par le petit bouton de cuivre, et celui-ci, se trouvant au milieu du domino, est situé à l'intersection de ses diagonales.

Un raisonnement analogue permet de placer convenablement les points sur chaque demi-domino.

Nous déterminerons à vue l'épaisseur perspective des

dominos de front dessinés, ainsi que la place et l'épaisseur des deux qui se trouvent en arrière.

L'épaisseur des dominos fuyants est un rectangle de front dans sa partie verticale; sa partie horizontale comprend des lignes fuyantes en F.

Restent enfin les dominos fuyants qui nous montrent leur partie noire : nous plaçons P dans une position symétrique de N, nous faisons la verticale CD égale à AB et nous achevons le dessin en remarquant que toutes les lignes qui le composent sont de front ou fuient en F.

PARALLÈLES PERSPECTIVES DONT LE POINT DE FUITE EST EN DEHORS DU TABLEAU

Mettez l'élève devant une boîte ou devant tout autre objet ayant la forme d'un parallélépipède rectangle (*fig.* 40).

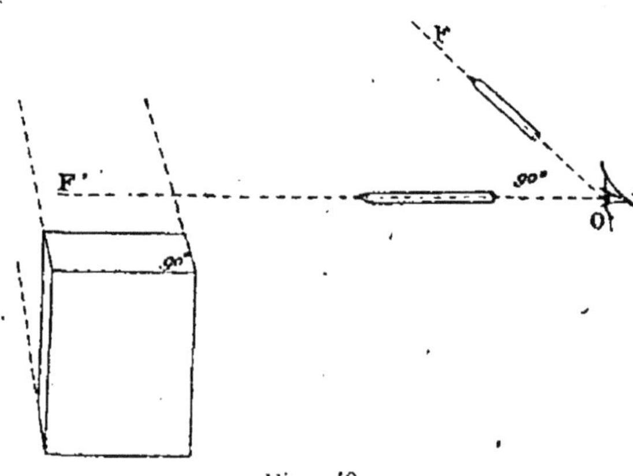

Fig. 40.

Faites-lui remarquer que les horizontales de ce solide constituent deux séries de parallèles dont il sait déterminer les points de fuite. Dites-lui enfin de faire en sorte que ces deux points soient contenus dans son tableau : il remarquera que celui-ci est alors trop près de son œil pour pouvoir être copié dans de bonnes conditions.

La raison en est fort simple. Pour trouver le point de fuite de chaque série de fuyantes, il faut lui mener une parallèle de profil. Or, les deux séries étant perpendiculaires, leurs parallèles de profil OF et OF' font entre elles un angle droit. Le tableau, pour les contenir, devrait donc au moins atteindre les côtés d'un angle de 90°, ayant l'œil pour sommet; mais nous avons vu précédemment qu'il ne devait pas dépasser les limites d'un angle de 20 à 30° environ (1); nous en concluons que **les points de fuite de deux perpendiculaires ou de deux séries perpendiculaires de parallèles ne peuvent se trouver à la fois dans le tableau.**

Toutes les fois qu'on dessinera un objet ayant la forme d'un parallélépipède rectangle, on aura donc au moins un point de fuite hors du tableau, sauf dans le cas où il n'y aura qu'une série d'arêtes fuyantes, toutes les autres étant de front et n'ayant, par conséquent, pas de point de fuite.

C'est pourquoi nous avons jusqu'ici supposé toujours cette dernière condition réalisée.

Lorsque des parallèles perspectives ont leur point de fuite en dehors du tableau, leur tracé exige ordinairement des constructions accessoires qui compliquent le problème et peuvent embrouiller le dessin (2). Les artistes qui font de la perspective une de leurs occupations habituelles abrègent leur travail en se réservant une grande marge, sur laquelle ils placent les points de fuite extérieurs au tableau.

Mais lorsque les parallèles sont peu fuyantes, la marge nécessaire devient si grande qu'il faut renoncer à ce procédé.

Le meilleur conseil que vous puissiez alors donner à vos élèves, c'est de s'habituer à tracer exactement des lignes convergentes sans en avoir le point de concours commun. Ils s'exerceront ainsi à

1. Voy. chap. premier, p. 19.
2. Voy. l'*Appendice*, not e VII, p. 16.

voir juste, et leurs dessins seront aussi simples que si les points de fuite étaient tous contenus dans le tableau.

CHAPITRE VI

DES PLANS PARALLÈLES

Si nous nous proposions de traiter cette question avec quelque détail, nous montrerions que **les perspectives de deux plans parallèles sont convergentes** (*exemples à donner :* les murs de la classe, le plafond et le plancher, les deux côtés d'une rue, etc.).

Nous rappellerions qu'**un plan de profil a pour perspective une ligne droite.**

Que la perspective d'un plan quelconque fuit vers la ligne représentant le plan de profil qui lui est parallèle. (Voy. la *fig.* 41.)

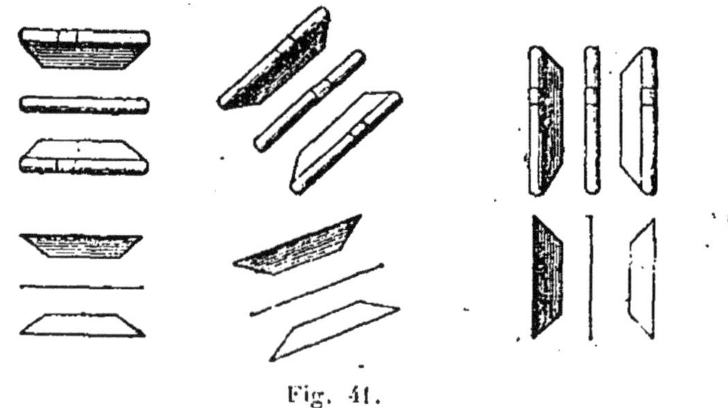

Fig. 41.

Que **tous les plans parallèles entre eux le sont aussi à un plan de profil dont la perspective est la** *ligne de fuite* **commune de tous ces plans ;** ce qui explique pourquoi les perspectives des plafonds semblent descendre et celles des planchers monter, les murs de gauche fuir vers leur droite, et ceux de droite vers leur gauche.

Mais l'analogie de ce chapitre avec les précédents est telle, qu'une fois le sommaire indiqué, il suffit de s'arrêter à quelques remarques importantes.

REMARQUE Ire

Tous les plans horizontaux ont une ligne de fuite commune, qui est une horizontale menée à hauteur de l'œil.

Les plans horizontaux sont nombreux autour de nous; cette ligne de fuite est donc fréquemment employée. C'est pour cela sans doute qu'on lui donne ordinairement, sous le nom de *ligne d'horizon*, une place d'honneur dans l'étude de la perspective ; que beaucoup aussi s'occupent d'elle seule et négligent complètement les autres ; et que d'autres enfin, poussant plus loin encore l'exagération, l'appellent la « base de la perspective ».

Les plans verticaux parallèles ont pour ligne de fuite commune une verticale.

Mais, s'il n'y a qu'une ligne d'horizon pour tous les plans horizontaux, *il y a autant de lignes de fuite verticales que les plans verticaux peuvent prendre de directions différentes, c'est-à-dire une infinité.*

Les plans parallèles obliques ont pour lignes de fuite communes tantôt des lignes obliques, tantôt des horizontales situées plus haut ou plus bas que la ligne d'horizon.

Remarque II

Toutes les droites d'un plan ont leurs points de fuite sur la ligne de fuite de ce plan.

Cela est de toute évidence, car une droite quelconque, indéfiniment prolongée, restant toujours dans le même plan également prolongé, son point de fuite ne peut être ni en deçà, ni au delà de la ligne de fuite : en deçà, il représenterait un point situé en avant de l'infini, et au delà, il représenterait un point situé plus loin que l'infini. Il faut donc qu'il soit sur la ligne de fuite même.

Réciproquement, **l'intersection d'une ligne de fuite avec la perspective d'une droite située dans son plan est le point de fuite de cette droite.**

Remarque III

La ligne de fuite d'un plan est géométriquement parallèle aux droites de front situées dans ce plan, et à leurs perspectives.

En effet, l'intersection de la ligne de fuite et des perspectives des lignes de front serait, d'après la remarque précédente, le point de fuite de ces dernières. Or, nous savons que ce point de fuite n'existe pas où qu'il est à l'infini (1);

1. Voy. p. 42.

donc la rencontre n'a pas lieu, et la ligne de fuite est parallèle aux lignes de front et à leurs perspectives.

REMARQUE IV

On peut déterminer la ligne de fuite d'un plan :

Soit directement, en lui menant un plan parallèle de profil ;

Soit en joignant les points de fuite de deux de ses lignes non parallèles ;

Soit encore en menant, par le point de fuite de l'une de ses fuyantes, une parallèle géométrique à l'une de ses droites de front.

CHAPITRE VII

DIVISION PERSPECTIVE DES FUYANTES

DIVISION EN PARTIES ÉGALES

Les constructions à effectuer pour diviser les lignes de front en parties égales sont du domaine de la géométrie élémentaire ; nous les passerons sous silence, sauf une seule, que nous appliquerons à la division des fuyantes.

Soit une ligne AB (*fig.* 42) à diviser en cinq parties égales.

On fait passer par l'une de ses extrémités A une

droite quelconque AC, sur laquelle on porte, à partir du point A, cinq longueurs égales. On joint le dernier point obtenu, C, à B, et par les autres, 1, 2, 3, 4, on mène des parallèles à CB.

Fig. 42.

Les divisions de AB sont égales entre elles comme celles de AC.

Ceci admis, plaçons devant nous une feuille de papier (*fig.* 43), dont un bord soit parallèle au tableau; traçons-y une droite quelconque, telle que AB, et proposons-nous de diviser celle-ci en deux parties égales.

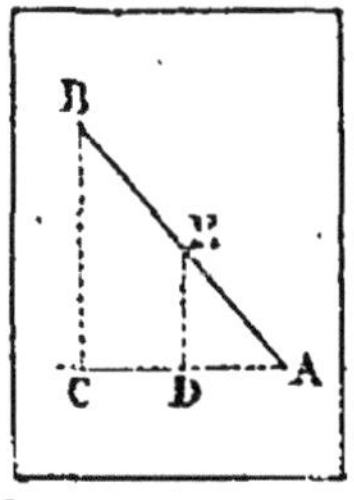

Fig. 43.

Il nous suffit d'appliquer la règle précédente :

Puisque nous pouvons mener AC arbitrairement, nous usons de ce droit en lui donnant une direction de front.

Nous portons sur AC, à partir du point A, les deux longueurs égales AD et DC.

Nous traçons CB et sa parallèle DE. Le problème est résolu : E est le milieu de AB.

Pour obtenir **la perspective de** AB **et de son milieu** E, construisons celle de la figure 43 tout entière. Nous ne serons embarrassés ni par la fuyante AB, représentée en *ab* (*fig.* 44), ni par la ligne de front AC, dont la perspective *ac* est divi-

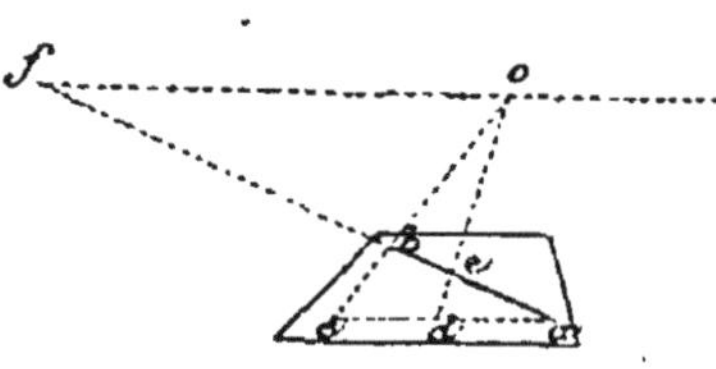

Fig. 44.

sée par *d* en deux parties géométriquement égales ; de même *cb* sera tracée sans difficulté. Mais DE et CB (*fig.* 43) sont parallèles et fuyantes ; leurs perspectives *de* et *cb* (*fig.* 44) doivent donc se rencontrer en un point situé sur la ligne de fuite de la feuille où nous les avons dessinées. Nous savons que cette ligne de fuite passe par le point de fuite *f* de AB (1) (*Remarque II*, p. 52), et est géométriquement parallèle à *ac* (*Remarque III*, p. 52). Dès lors, quoi de plus simple que le problème actuel ? Une parallèle géométrique menée par *f* à *ca*, voilà la ligne de fuite de la feuille de papier ; le point *o*, où cette ligne de fuite rencontre le prolongement de *cb*, est le point de fuite de CB et, par suite, de sa parallèle DE. Le point *e* est donc le milieu perspectif de *ab*.

On diviserait perspectivement de la même manière une fuyante en un nombre quelconque de parties égales. (Voy. *fig*: 45, *perspective des casiers d'une table scolaire.*)

La droite *ab* étant la perspective d'une fuyante divisée en six parties égales, on ferait passer par l'une de ses extrémités (*a*) une ligne de front (*ac*), sur laquelle on porterait six longueurs égales, à partir du point *a*.

Par le point de fuite (*f*) de *ab*, on mènerait une parallèle géométrique (*fo*) à la ligne de front (*ac*).

On joindrait l'extrémité libre (*c*) de la ligne de

____

1. Pour la détermination de ce point, voy. chap. iv, p. 40.

front à celle (*b*) de *ab* par une droite qu'on prolongerait jusqu'en sa rencontre (en *o*) avec la parallèle précédente.

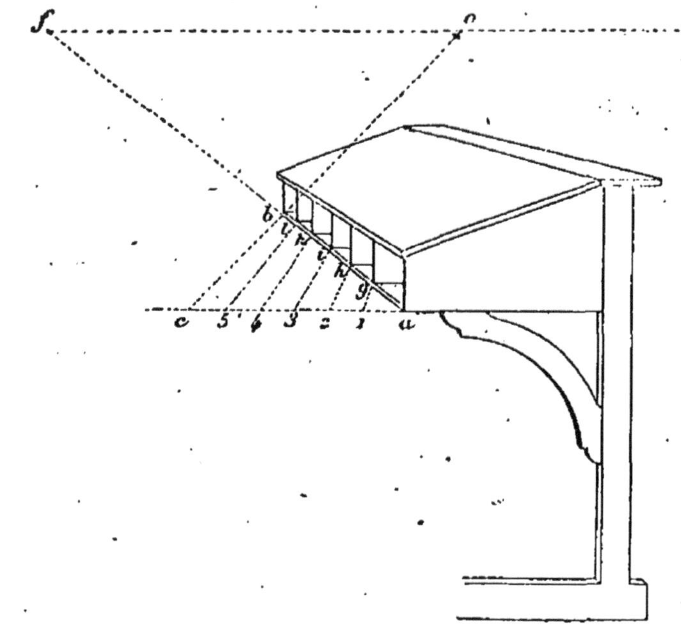

Fig. 45.

Au point de fuite ainsi obtenu, on ferait concourir des parallèles perspectives (*o*1, *o*2, *o*3, *o*4, *o*5) passant par les points de division de la ligne de front et déterminant sur *ab* des segments (*ag*, *gh*, *hi*, *ik*, *kl*, *lb*) perspectivement égaux.

Remarque Ire. — **Par une même droite on peut faire passer une infinité de plans différents.**

Ainsi le pivot immobile d'une girouette reste dans le plan de la banderole de tôle, bien que celle-ci prenne toutes les directions que lui donne le vent.

Remarque II. — **Les lignes de front appartenant à ces plans divers peuvent avoir toutes les directions possibles.**

Ainsi, dans la figure 46, on a supposé une fuyante AB et un cercle de front ayant pour centre A. Tous les rayons de ce cercle sont des lignes de front et chacun d'eux appartient à un plan différent passant par la fuyante.

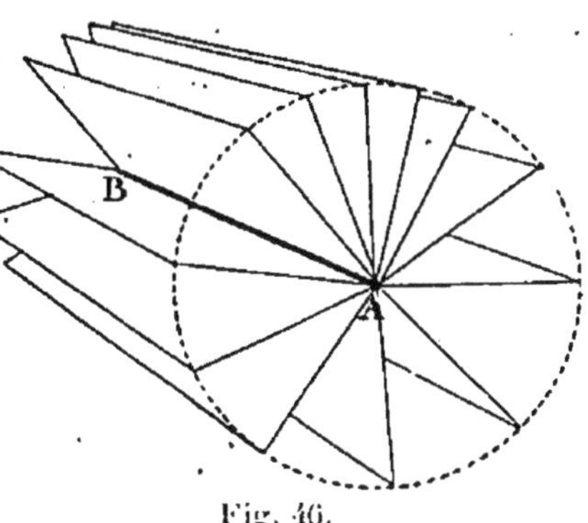

Fig. 46.

REMARQUE III. — Les lignes de fuite de ces plans peuvent avoir également toutes les directions possibles, puisqu'elles sont géométriquement parallèles aux lignes de front.

CONSÉQUENCE.—Lorsqu'on divise perspectivement une fuyante, on est autorisé à choisir comme perspective de la ligne auxiliaire de front, soit une horizontale, soit une verticale, soit une oblique quelconque, *à condition toutefois de faire passer par le point de fuite de la fuyante une ligne de fuite géométriquement parallèle à la ligne de front choisie.*

Réciproquement, on peut donner une direction quelconque à la ligne de fuite, pourvu qu'ensuite on représente la ligne de front géométriquement parallèle à cette ligne de fuite.

Dans la figure 45, nous avons supposé que la fuyante *ab* appartenait à un plan horizontal ayant pour lignes de front *ca* et ses parallèles. Rien ne nous empêchait de supposer, comme dans la figure 47, que la fuyante *ab* appartenait à un plan vertical et de prendre pour ligne de front *ac*, pour ligne de fuite *fo*.

Le résultat obtenu eût été évidemment le même.

RÈGLE. — Pour diviser perspectivement une fuyante en parties égales, on se donne sa perspective et son point de fuite.

Par ce point de fuite on fait passer une

droite quelconque, qui est une ligne de fuite.

On mène par une extrémité de la fuyante perspective une ligne de front, géométriquement parallèle à la ligne de fuite choisie.

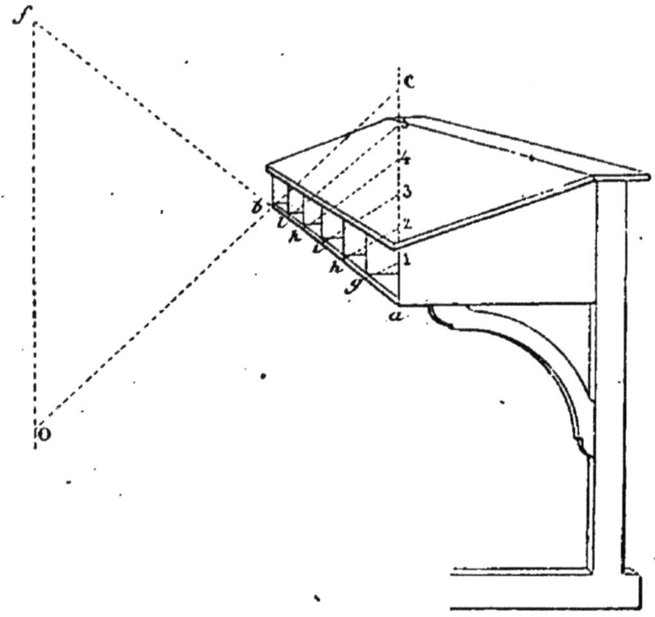

Fig. 47.

A partir du sommet de l'angle ainsi formé, on porte sur la droite de front autant de longueurs égales qu'on veut déterminer de segments sur la fuyante perspective.

On joint l'extrémité libre de celle-ci au dernier point obtenu, par une droite dont le point de fuite est sur la ligne de fuite déjà tracée.

Enfin, on fait passer par ce point de fuite et les points de division de l'auxiliaire de front des droites qui déterminent des longueurs perspectivement égales sur la fuyante perspective (1).

DIVISION EN PARTIES PROPORTIONELLES A DES LONGUEURS DONNÉES

Ces longueurs peuvent être exprimées par des lignes ou par des nombres. Mais, ce dernier cas devant être ramené au précédent, nous le passerons sous silence.

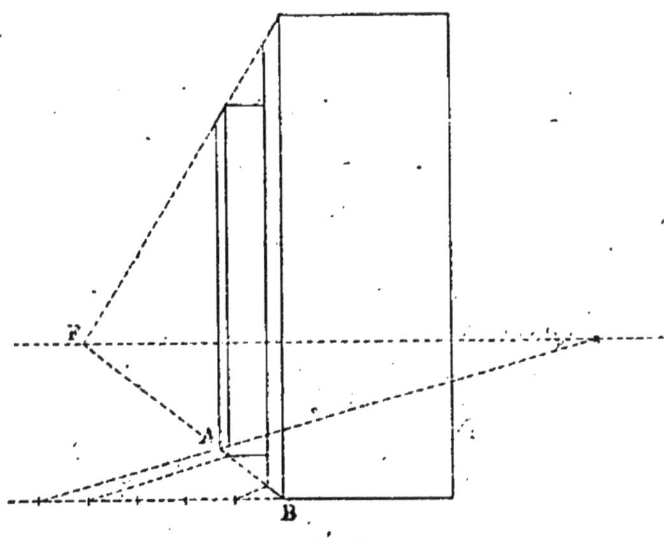

Fig. 48.

PROBLÈME. — **Deux piliers laissent entre eux un intervalle triple de leur épaisseur. Représenter cet intervalle et ces épaisseurs, étant donnée la perspective AB de la longueur occupée par l'ensemble sur la fuyante BF (*fig.* 48).**

1. Cette règle, directement tirée des constructions qui précèdent, peut être généralisée. On en trouvera l'énoncé plus complet à la table des matières.

Il suffit de diviser AB en cinq parties perspectivement égales et de prendre une de ces parties pour chaque épaisseur, les trois autres représentant l'intervalle. Nous nous retrouvons ainsi en présence d'un problème déjà résolu, et sur lequel il est inutile d'insister plus longtemps.

PROBLÈMES ANALOGUES

Doubler perspectivement une fuyante

EXEMPLE. — **Représenter l'image formée par une porte dans un miroir vertical** (*fig.* 49).

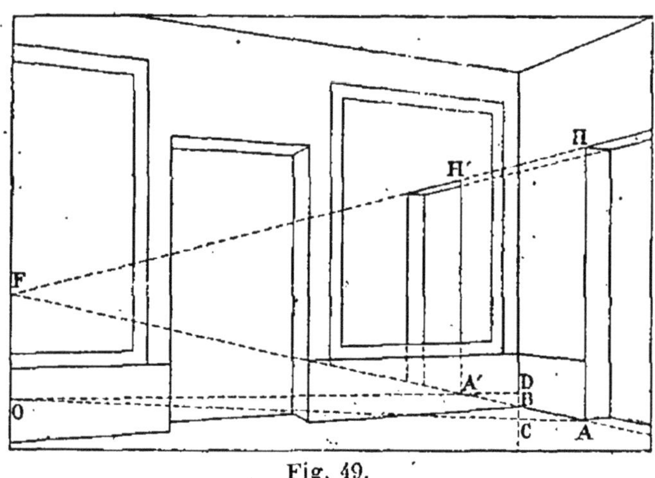

Fig. 49.

On sait qu'un objet et son image dans un miroir sont symétriques par rapport au plan de ce dernier : si l'objet est à un mètre en avant du miroir, son image semble à un mètre en arrière.

Un point étant donné, on obtient la position apparente de son image en abaissant de ce point, sur le plan du miroir, une perpendiculaire dont on double la longueur.

Dans l'exemple actuel, le plan du miroir est supposé se confondre avec le plan du mur sur lequel il est appliqué, ce dernier étant lui-même perpendiculaire au mur adjacent de droite, où se trouve la porte dont nous voulons représenter l'image.

Soit donc à placer l'image du point A. La perpendiculaire abaissée de ce point sur le plan du miroir (ou du mur de gauche) est l'arête AB du mur de droite. C'est cette arête, dont le point de fuite est ici en F, qu'il s'agit de doubler.

Choisissons pour ligne auxiliaire de front la verticale DBC.

Puisque dans les problèmes précédents nous avons effectué les mêmes opérations sur la fuyante perspective et sur la ligne de front, rien ne nous empêche de suivre ici la même marche. Portons sur la verticale auxiliaire une longueur arbitraire BC, et, comme il nous faut doubler perspectivement AB au delà de B, doublons CB au delà de ce même point B. Nous obtenons ainsi le point D.

Menons AC et prolongeons cette ligne jusqu'en O, où elle rencontre la ligne de fuite du plan vertical contenant AB. (Cette ligne de fuite est une verticale passant par le point de fuite F de AB.)

O est le point de fuite de AC et de sa parallèle perspective DO, qui rencontre AB prolongée en A′, image de A.

L'image H′ du point H est sur la verticale de A′, comme H est sur la verticale de A. Sa perspective est déterminée par celle d'une horizontale passant en H et fuyant en F, comme sa parallèle AB.

Le reste de l'image de la porte correspond presque entièrement à la partie de celle-ci non comprise dans le dessin.

EXERCICES POUR LES ÉLÈVES

Tripler perspectivement, quadrupler, quintupler, etc., une fuyante, et applications diverses.

Doubler perspectivement, etc., une fuyante en deçà de son extrémité antérieure. Applications.

Une longueur étant donnée sur la perspective d'une fuyante, porter une longueur perspectivement égale à partir d'un point pris sur cette même droite.

EXEMPLE.— **Soit à représenter le cadre d'un tableau** (*fig.* 50).

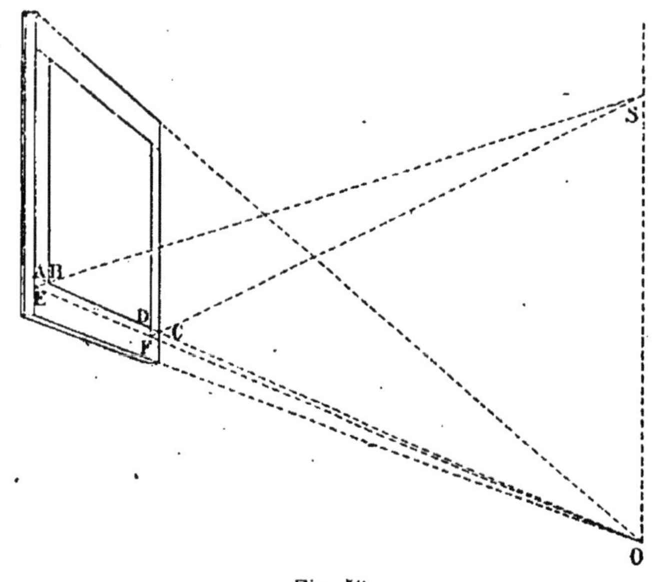

Fig. 50.

Les quatre côtés de ce cadre ont même largeur.

Il est très facile, dans le dessin, de réaliser cette condition pour les deux côtés horizontaux, puisque la largeur se mesure alors sur une ligne de front.

La largeur du côté vertical antérieur se détermine à vue ; elle doit être moindre que celle des côtés horizontaux : plus elle sera réduite et plus le tableau paraîtra large et fuyant.

Il reste encore à donner au côté vertical postérieur la même largeur perspective qu'au côté antérieur, c'est-à-dire à porter sur AC, en avant du point C, une longueur perspectivement égale à AB.

Le point de fuite de AC étant O, menons par ce point

une ligne de fuite et faisons-la verticale pour pouvoir utiliser comme ligne de front un des bords du cadre.

Prenons sur celui-ci une longueur arbitraire AE. Joignons E à O et à B. Prolongeons EB jusqu'en S. Joignons SC et prolongeons jusqu'en F, sur EO.

En considérant la largeur postérieure du cadre comme la reproduction pure et simple de la largeur antérieure, le point C correspond au point B, FS à sa parallèle perspective ES, le point F au point E et enfin le point D au point A.

Le problème peut dès lors être considéré comme résolu.

Porter sur la perspective d'une fuyante une longueur perspectivement égale à une longueur donnée sur la perspective d'une autre fuyante parallèle (fig. 51), connaissant le plan déterminé par ces deux fuyantes.

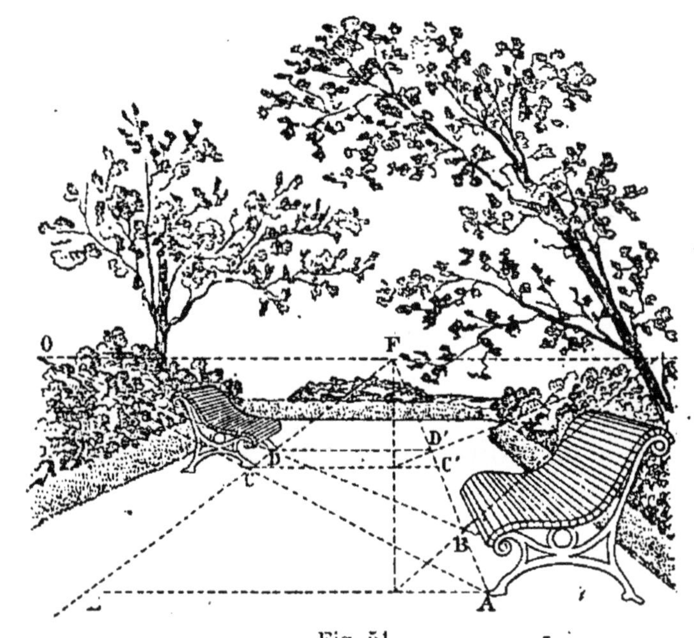

Fig. 51.

Soit, dans un jardin public, une **allée rectiligne** avec un **banc** dont la longueur fuyante, mesurée entre les deux pieds de devant, est représentée par AB. Nous voulons **représenter un second banc** ayant ses pieds de devant sur une fuyante EF, parallèle à AB, le plus proche de ces pieds ayant pour perspective C. Nous devons d'abord faire CD perspectivement égal à AB, et, pour cela, il nous suffit de mener une parallèle perspective BD à AC. Mais, si le point de fuite commun O de BD et de AC se trouvait en dehors du tableau, la meilleure méthode consisterait à déterminer C′ par la rencontre de AF avec la perspective de la ligne de front menée par C *dans le plan de* AF *et de* EF, puis à faire C′D′ perspectivement égal à AB, et enfin à reporter D′ en D, par une parallèle géométrique à CC′.

Les deux constructions ont été marquées sur la figure 51.

Remarque. — Ce dernier problème n'est déterminé que si on connaît le plan des deux parallèles.

En effet, dans l'exemple actuel, nous avons eu besoin de la ligne de fuite FO, soit pour y placer le point de fuite O de AC, soit pour déterminer la direction de l'auxiliaire de front CC′ (1).

RÉSUMÉ

Arrivés à ce point de notre travail, nous pourrions facilement le résumer en peu de mots. Il comprend :

1° **Une remarque** concernant la convergence des parallèles perspectives ;

2° **Une règle** relative à la division perspective des fuyantes.

1. Voy. *Appendice*, note II, p. 96.

Est-ce tout?

— Oui.

— Mais pourquoi ne conserver qu'une règle parmi tant d'autres, et pourquoi la conserver?

— Parce qu'elle seule donne une solution dont l'exactitude est indépendante de la position du spectateur (1) : *Les rapports apparents qui existent entre les divers segments d'une fuyante perspective restent constants, quel que soit le point d'où on regarde cette fuyante.*

En effet, les segments d'une fuyante perspective sont perspectivement proportionnels à ceux de l'auxiliaire de front, puisque les droites qui joignent les points de division des deux lignes sont perspectivement parallèles. Or, ce parallélisme subsiste malgré les déplacements du spectateur, et les segments de l'auxiliaire de front ayant toujours entre eux les mêmes rapports, ceux de la fuyante jouissent de la même propriété.

1. Pour la démonstration, voy. l'*Appendice*, note Ire, page 93.

SECONDE PARTIE

LES APPLICATIONS

———

MÉTHODE GÉNÉRALE

Puisqu'il n'y a d'invariable dans l'aspect d'un dessin que le parallélisme perspectif des lignes et les rapports perspectifs de leurs segments, **tout dessin sera ramené à un ou plusieurs systèmes de parallèles perspectives, divisées ou non en parties ayant entre elles des rapports perspectifs connus.**

Nous donnerons dans l'*Appendice* (note III, p. 104) des applications de cette méthode à la représentation des polygones réguliers, mais, en raison de son importance, nous nous occuperons ici même de la perspective du cercle.

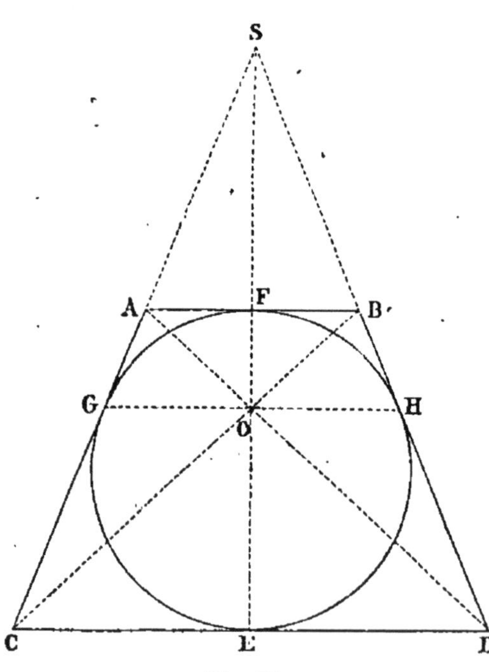

Fig. 52.

CERCLE

Remarque. — Un cercle peut toujours être inscrit dans un trapèze symétrique (*fig.* 52). Pour cela, on mène un diamètre EF par les extrémités duquel on fait passer deux tangentes AB et CD. Celles-ci sont parallèles et forment les bases du trapèze, qu'on achève en prenant un point S *quelconque* sur le prolongement de EF et en menant par ce point deux nouvelles tangentes SC et SD.

Or, si on joint les points de contact G et H par une corde, on observe que celle-ci est parallèle aux bases du trapèze et qu'elle passe par l'intersection O des diagonales AD et CB (1).

Ceci dit, soit à dessiner un **cercle tracé sur une table horizontale.**

Inscrivons le modèle dans un trapèze symétrique dont les bases soient de front, de manière à reproduire la figure 52.

Il est évident que la perspective du trapèze sera pour nous comme un cadre dans lequel nous pourrons inscrire la perspective du cercle.

Dessinons ce trapèze : les bases, étant de front, restent parallèles en perspective (*fig.* 53); pour la même raison,

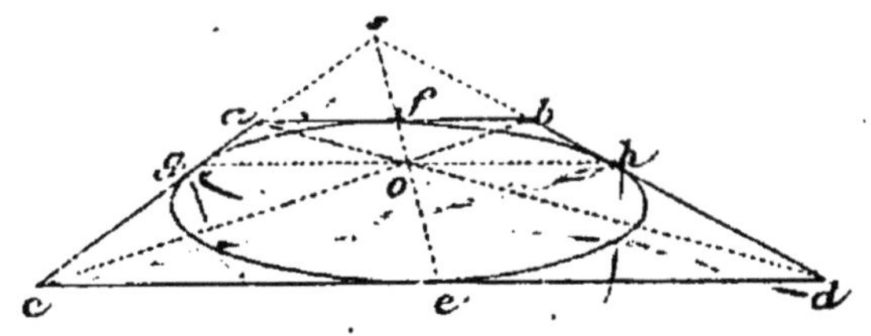

Fig. 53.

e et *f*, milieux de *cd* et de *ab*, représentent les milieux de CD et de AB; aux diagonales CB et AD, correspondent les diagonales *cb* et *ad;* au point O, le point *o;* et à la corde GH, la parallèle *gh* aux bases du trapèze.

Les quatre points *ehfg* appartiennent à la perspective du cercle qui se trouvera ainsi limitée par une courbe

1. Pour la démonstration, voy. l'*Appendice*, note VIII, p. 142.

oblongue à laquelle on donne le nom d'*ellipse*. Ces quatre points (*e*, *h*, *f*, *g*), et les tangentes en ces points (*cd*, *db*, *ba*, *ac*), suffisent, avec un peu d'exercice, pour construire l'ellipse d'une manière satisfaisante.

Mais, si pour dessiner un cercle il fallait toujours l'enfermer dans un trapèze symétrique à bases de front, on serait fort embarrassé dans les cas nombreux où la construction de cette figure ne peut être qu'une supposition, par exemple lorsqu'il s'agit de représenter l'ouverture d'un vase. Aussi les considérations précédentes ne doivent-elles nous servir qu'à trouver une règle facilement applicable dans toutes les circonstances.

Reportons-nous aux figures 52 et 53.

Soient données (*fig.* 52) sur une circonférence les extrémités G et H d'une corde de front, ainsi que les tangentes GS et HS en ces points. Menons la sécante SE qui passe par le milieu O de GH et qui rencontre la circonférence en F et en E.

Supposons que les tangentes aient pour perspectives (*fig.* 53) *gs* et *hs*. La perspective de la sécante aura pour direction *se*, passant par *o*, et sera limitée en *e*, par exemple.

Dès ce moment nous pourrons achever le dessin sans regarder le modèle. Nous mènerons :

1° Par *e* une parallèle géométrique à *gh*; elle rencontrera les tangentes *sg* et *sh* prolongées en *c* et en *d*;

2° Par *c* et par *o* une droite qui coupera *sd* en *b*; (on pourrait aussi bien mener *do* et obtenir *a*).

3° Par *b* une parallèle à *gh*.

Un trapèze étant ainsi déterminé, nous pourrons décrire l'ellipse passant par les points *gfhe* et tangente aux droites *cs, ab, sd, dc.*

En résumé :

Pour construire la perspective d'un cercle, il faut se donner celles :

1° De deux tangentes ayant leurs points de contact avec la circonférence sur une même corde de front;

2° De la sécante partant du point de concours de ces deux tangentes et passant par le milieu de la corde qui joint leurs points de contact;

3° De l'un des points où cette sécante rencontre la circonférence (1).

Il nous reste à montrer que ces données sont facilement obtenues par l'observation du modèle.

Perspective d'un cône. — Le modèle offre à nos yeux (*fig.* 56) un sommet duquel partent deux droites, dites *génératrices de contour apparent*, reliées par une courbe qui est la partie visible de la base.

Les génératrices de contour apparent semblent tangentes à la courbe de base. La simple observation d'un objet conique le prouve. Toutefois, comme cette vérité est sou-

---

1. On pourrait généraliser cette règle et employer des tangentes quelconques. Mais la forme restreinte sous laquelle nous la présentons est plus facile à saisir et suffit en pratique.

Toutefois, pour qu'elle soit *rigoureusement* applicable sous cette même forme restreinte, il est nécessaire que *l'axe du modèle semble passer par le pied de la perpendiculaire abaissée de l'œil sur le tableau.* Cette position, d'ailleurs la plus naturelle lorsqu'on dessine un objet unique, est celle que nous supposerons occupée par le modèle dans nos exemples.

vent méconnue, il n'est pas inutile de la confirmer par une petite expérience.

Eclairez (*fig.* 54) par une bougie un cône placé sur une table. Les deux droites qui limitent l'ombre portée sont tangentes à la courbe-de base. Ici, aucun doute n'est possible : non seulement nos yeux nous l'affirment, mais encore il serait absurde d'admettre que ces droites pussent être sécantes ou extérieures à la base. Suivez maintenant avec le crayon ou la craie les contours de l'ombre portée, puis (*fig.* 55) allez mettre votre œil précisément à la place de la bougie. Qu'arrivera-t-il? Vous verrez le cône se confondre avec l'ombre qu'il portait tout à l'heure. Il aura donc la même perspective que cette ombre, et par suite ses génératrices de contour apparent seront représentées tangentes à la courbe de base.

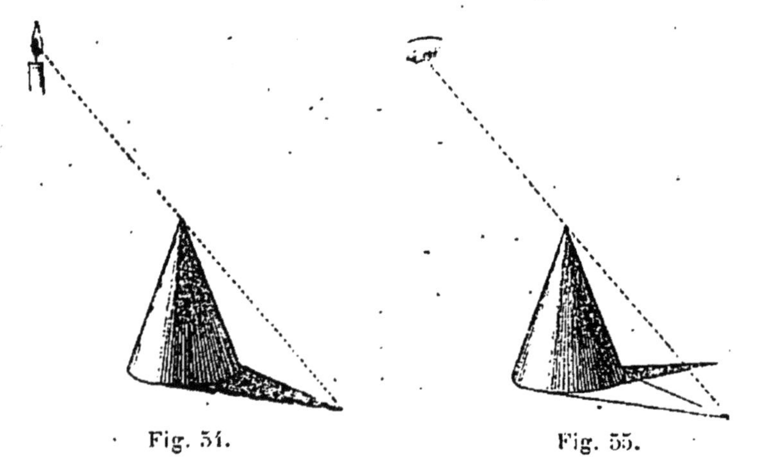

Fig. 54.　　　Fig. 55.

Remarquez bien que nous n'avons nullement choisi la position de la bougie. Quelle que soit donc cette position et par conséquent celle de notre œil, le raisonnement précédent sera applicable, et notre proposition se trouvera démontrée.

Passons maintenant à l'exécution de notre dessin (*fig.* 56 et 57). Représentons le sommet en *s* (*fig.* 57), puis en *sa*, *sb*, les génératrices de contour apparent; *a* et *b* représentent les points où ces génératrices atteignent la base; *c* est le milieu de la droite *ab;* ce point *c* peut être d'ailleurs considéré aussi comme la perspective d'un point C appartenant à la surface du cône (*fig.* 56), et la génératrice qui passe par C est représentée en *sd.*

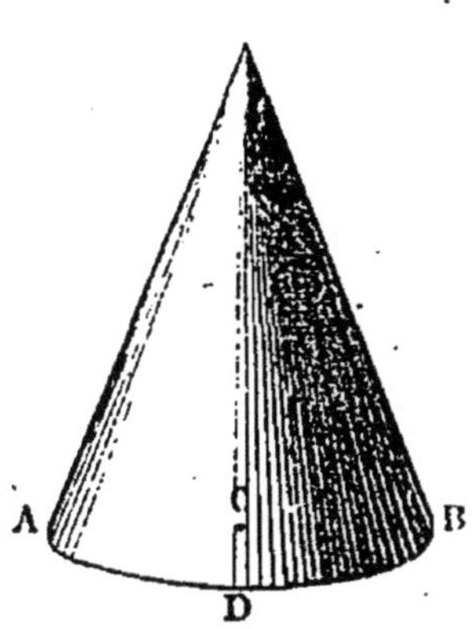

Fig. 56.

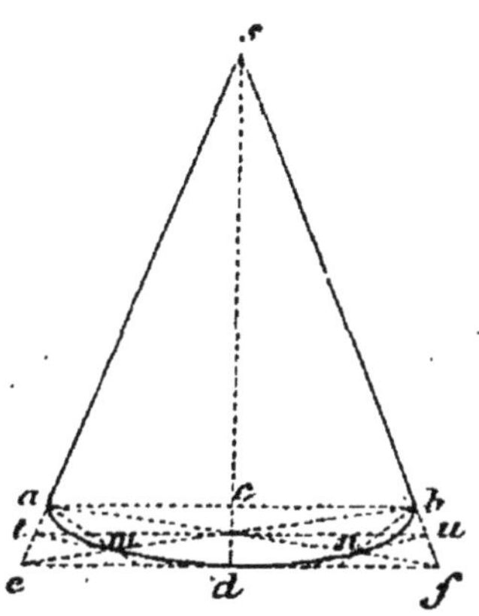

Fig. 57.

Nous n'avons plus besoin de modèle pour achever le dessin, car nous savons que la tangente à la base en D est parallèle à la *corde de front* AB. Après l'avoir représentée en *ef,* il nous reste simplement à décrire un arc d'ellipse passant par *a, d, b,* et tangent à *se, sf* et *ef* (1).

Nous ne nous occupons pas de la partie de la base qui nous est cachée.

De ce dessin si simple, on peut passer facilement à celui d'un pain de sucre, d'un éteignoir, d'un entonnoir, etc.

AUTRE CONSTRUCTION

Les quatre points et les quatre tangentes que nous savons déterminer suffisent généralement, nous l'avons dit, pour dessiner une ellipse; mais, si les circonférences perspectives

---

1. Pour la détermination des points *m* et *n,* voy. la construction suivante.

sont de grande dimension, on peut avoir besoin de points et de tangentes intermédiaires, que les remarques suivantes permettent de déterminer facilement.

REMARQUE Ire. — Si on divise en quatre parties égales les deux bases du trapèze (*fig.* 58); si on joint ensuite chacun des points G et H :

1° Aux deux points de division les plus voisins (en menant GR et GT, HN et HM);

2° Aux sommets du trapèze situés sur le côté opposé (G à B et à D, H à C et à A);

Les huit lignes se rencontrent deux à deux en quatre points VXYZ du cercle.

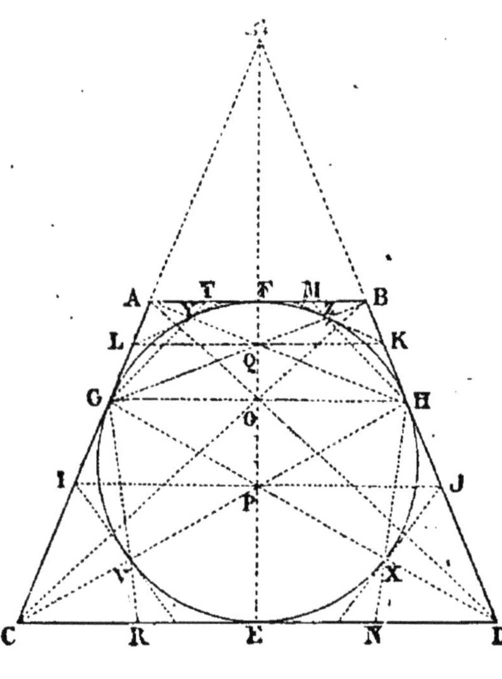

Fig. 58.

REMARQUE II. — Si on mène les tangentes au cercle en V et en X (*fig.* 58), et si par l'intersection P des droites GD et HC on mène une parallèle aux bases du trapèze, cette parallèle rencontre les tangentes sur les côtés obliques du trapèze.

De même les tangentes en Y et en Z rencontrent la parallèle aux bases LK, menée par le point Q, en deux points de ces côtés obliques.

Le cercle se trouve ainsi enfermé dans un réseau de tangentes, de sécantes, de cordes, dont la perspective est facile à obtenir, car, une fois les quatre tangentes qui forment le contour du trapèze représentées d'après le modèle, il suffit de mener dans ce trapèze les diagonales et les parallèles aux bases dont il vient d'être parlé.

La figure 59 montre cette perspective avec celle du cercle inscrit dans le réseau.

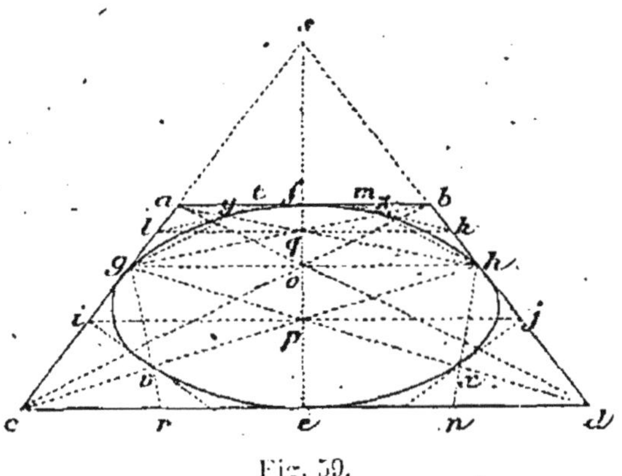

Fig. 59.

Il est aisé de se familiariser avec cette construction, que nous avons utilisée déjà dans la figure 57. Cependant, comme elle présente une certaine complication, il sera mieux de s'en passer dans les cas ordinaires (1).

CERCLES PARALLÈLES

Abat-jour couché (*fig.* 60). — Nous choisissons cette position pour bien montrer que la construction reste aussi facile dans tous les cas.

Ayant représenté d'après nature la direction des génératrices de contour apparent, nous ramenons le problème actuel au précédent en prolongeant ces génératrices jusqu'en leur rencontre, ce qui nous donne le sommet du cône dont fait

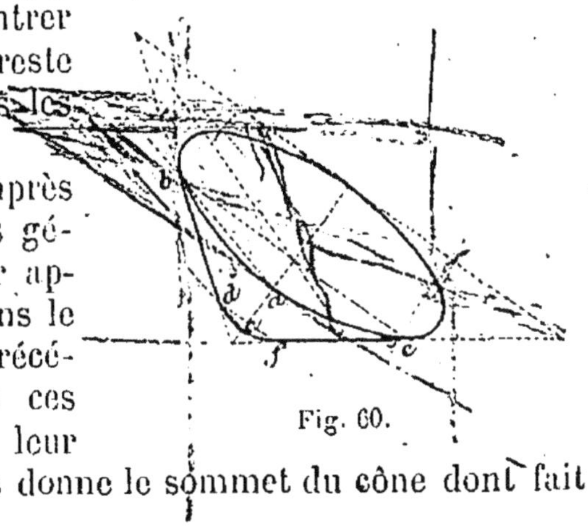

Fig. 60.

1. Pour la démonstration, voy. l'*Appendice*, note VIII, p. 143.

partie l'abat-jour. Cette fois, la grande base est entièrement visible, et nous dessinons l'arc *bae* de la même manière que l'autre portion de l'ellipse.

Remarquons maintenant que les deux bases de l'abat-jour sont parallèles, puis, supposant le problème résolu, considérons deux arcs, *ba* et *dc*, par exemple, appartenant à l'une et à l'autre de ces bases, et compris entre les mêmes génératrices. Les cordes qui joignent leurs extrémités sont perspectivement parallèles.

Si donc nous nous donnons la position du point *d*, nous obtiendrons celle du point *c* en menant par *d* une parallèle perspective à *ba*, que nous connaissons.

De même nous obtiendrons *f* en menant par *d* une parallèle perspective à la corde *be*.

Il est désormais très facile de dessiner la partie visible de la petite base, surtout si l'on observe que les perspectives des tangentes en *d* et en *f* se confondent avec celles des génératrices de contour apparent, et que la tangente en *c* est parallèle à la tangente en *a*.

Boîte au lait (*fig.* 61). — La boîte au lait a la forme d'un tronc de cône. Ce que nous venons de dire à propos de l'abat-jour lui est applicable ; mais cette fois le sommet est éloigné, et sa perspective est en dehors du dessin. Peu importe. Nous savons qu'elle est située sur la perpendiculaire élevée au milieu *c* de *ed*, par raison de symétrie, et que cette perpendiculaire est en même temps la perspective d'une génératrice dont l'extrémité inférieure est représentée en *b*.

La perspective de la tangente en *b* à la base est géométriquement parallèle à *ed*.

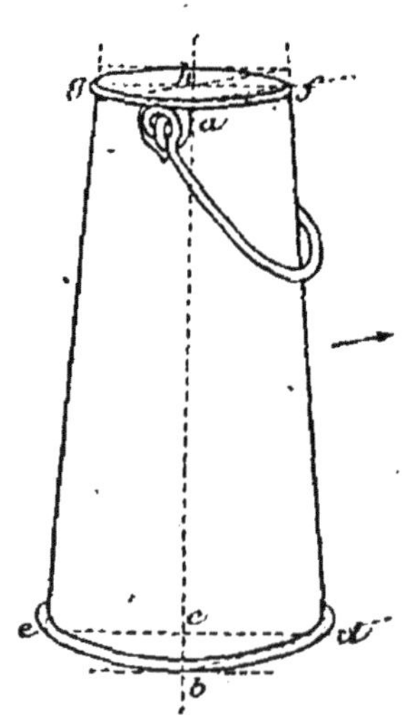

Fig. 61.

Traçons la courbe.

Indiquons en *a* l'extrémité supérieure de la génératrice

ba. Nous pouvons représenter la corde *af*, sachant qu'elle est horizontale et perspectivement parallèle à *bd*, sachant par suite qu'elle doit rencontrer cette corde *bd* sur la ligne d'horizon, en un point que ne représente pas la figure, et qui se trouve du côté indiqué par la flèche. Connaissant la direction perspective de la corde *fa*, on a le point *f* et l'on sait achever l'ellipse.

Le dessin d'un **baquet** donnerait lieu aux mêmes remarques.

Tasse (*fig.* 62). — Une tasse est une sorte de cône tronqué à génératrices courbes. Rétablissons par la pensée le tronc de cône qui aurait les mêmes bases avec des génératrices rectilignes, et, une fois ce solide représenté, donnons au contour apparent sa forme légèrement ondulée.

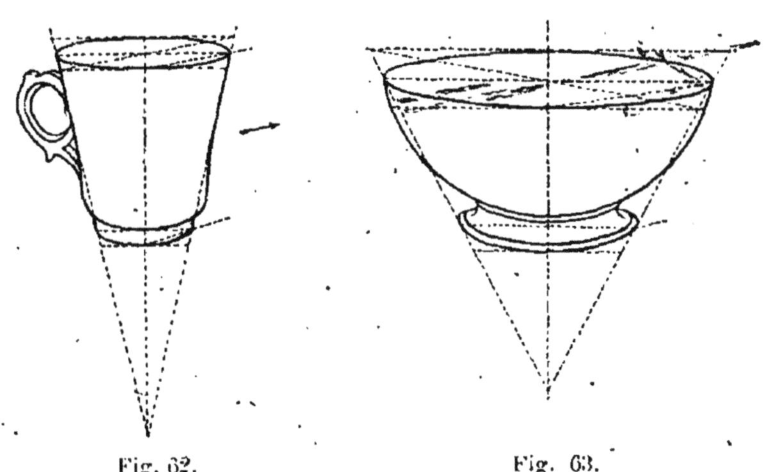

Fig. 62.   Fig. 63.

Dessin du **bol** (*fig.* 63). — Dessiner d'abord, comme précédemment, un cône tronqué ayant pour bases l'ouverture et le pied du bol.

Dans ces deux constructions le point de contact d'une directrice de contour apparent et d'une base n'est pas rigoureusement le même lorsqu'il s'agit du tronc de cône ou du vase qui en dérive, car on ne saurait mener deux tangentes en un même point d'une courbe ; mais ces deux points de contact sont si voisins qu'il est à peine utile de les distinguer.

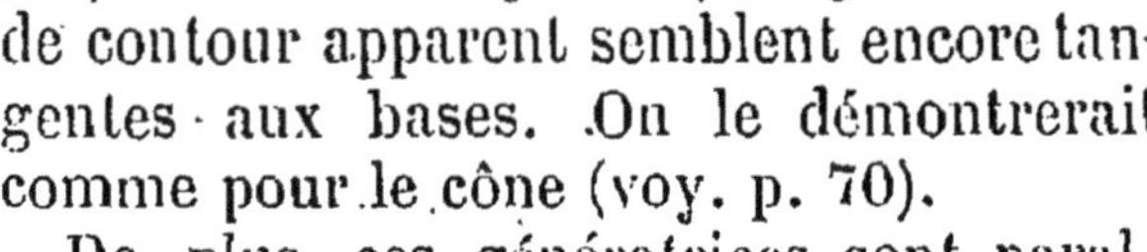

Cylindre (*fig.* 64). — Dans le cylindre, les génératrices de contour apparent semblent encore tangentes aux bases. On le démontrerait comme pour le cône (voy. p. 70).

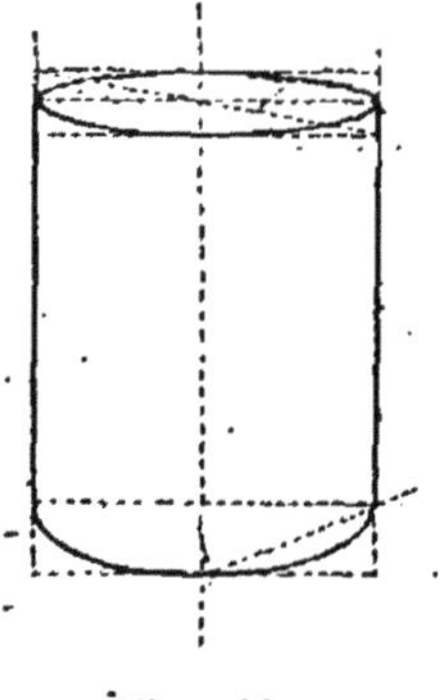

.Fig. 64.

De plus, ces génératrices sont parallèles entre elles et parallèles aussi à celle dont la perspective passe par les milieux des cordes joignant les extrémités de la leur.

La marche à suivre pour dessiner un cylindre est donc la même que pour le tronc de cône.

REMARQUE. — *Dans le cas du cylindre ayant ses génératrices de front, la corde qui joint les points de contact est un axe de l'ellipse, mais elle ne représente pas un diamètre du cercle qui a servi de modèle.*

Dans les objets usuels on trouve souvent le cône, le tronc de cône et le cylindre assemblés. Exemples :

La **cafetière** (*fig.* 65), formée d'un cylindre et d'un tronc de cône.

La **lampe** (*fig.* 66), cylindres et troncs de cône dont les sommets sont sur l'axe vertical.

Le **verre à boire** (*fig.* 67), troncs de cône emboîtés et dont les sommets sont sur une même verticale.

N'oublions pas de répéter que ces constructions, sous la forme simple qu'on leur voit ici, ne sont que des à peu près suffisants, car on y suppose des contours apparents de cônes et de cylindres se raccordant au même point avec leur base commune, ce qui n'est pas rigoureusement exact.

Le pied du verre donne lieu à une remarque. C'est un tronc de cône tellement aplati que la petite base semble

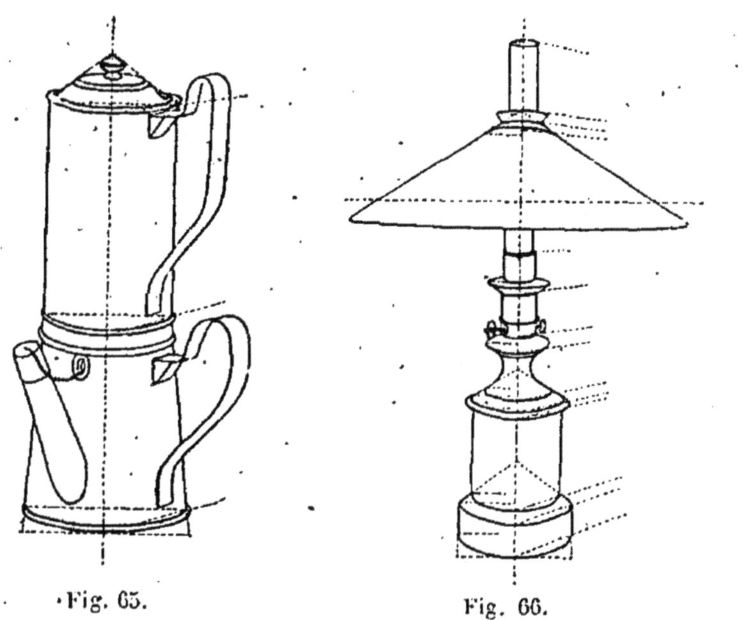

Fig. 65.

Fig. 66.

intérieure à la grande, et, par un hasard dont nous allons profiter, tangente à celle-ci en sa partie postérieure. La

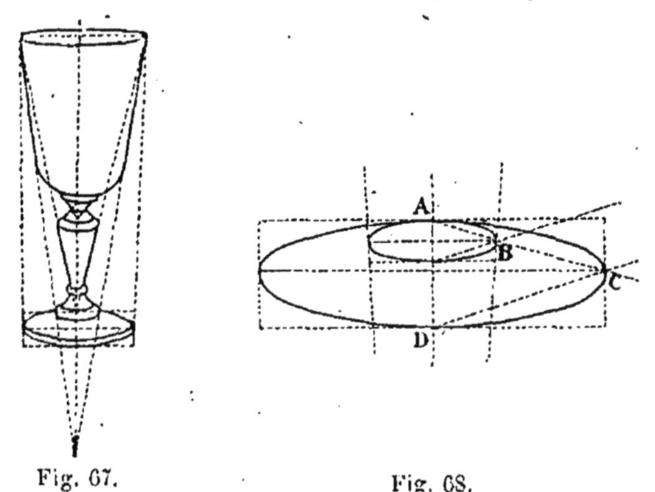

Fig. 67.

Fig. 68.

figure 68 montre à part ce pied dessiné à une échelle plus grande.

Or, le point de contact A représente, à lui seul, une génératrice du tronc de cône. Et, comme on ne peut prolonger un point, il représente du même coup une génératrice du cône complet et le sommet de ce dernier.

Supposons maintenant que nous ayons la perspective de la grande base et celle d'un point B de la petite. ABC représente une génératrice du·cône. AD en représente une autre. La corde DC de la grande base est perspectivement parallèle à la corde de la petite base comprise entre les mêmes génératrices AC et AD. Il est donc facile de tracer cette dernière et d'obtenir ainsi un nouveau point de la petite base.

On trouverait de la même manière d'autres points de la petite base en aussi grand nombre qu'on le voudrait, et les tangentes en ces points seraient perspectivement parallèles à leurs correspondantes de la grande base.

Tonneau. — L'axe du tonneau étant vertical, nous le représentons en direction par AB (*fig*. 69). Si le modèle était enveloppé dans un cône tangent à sa base supérieure, une des génératrices de contour apparent de ce cône aurait en perspective, pour direction CD et pour point de contact E. L'autre génératrice, symétrique de CD par rapport à AB, aurait pour direction C'D' et pour point de contact E'. Enfin en G la perspective de l'axe rencontrerait celle de la base su-

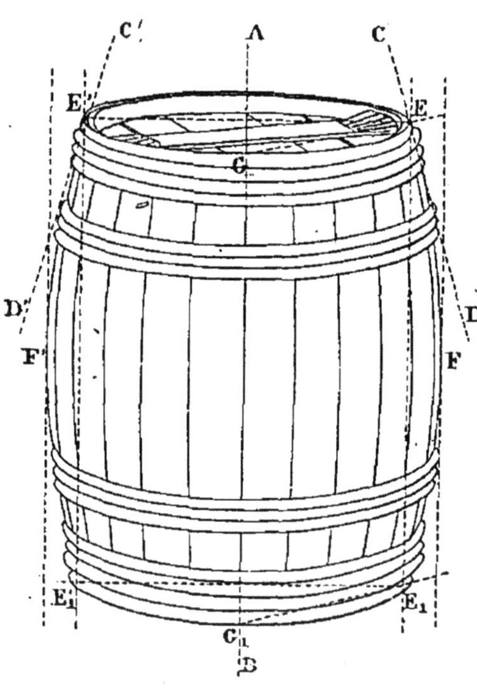

Fig. 69.

périeure. Connaissant les trois points EGE′ et les deux tangentes CD, C′D′, nous savons décrire l'ellipse qui représente cette base.

La base inférieure ne sera visible qu'en partie. L'observation nous apprend que sa perspective est rencontrée par celle de l'axe en G_1. De plus, chacun de ses points a dans la base supérieure un correspondant situé verticalement au-dessus de lui. Traçons par exemple les deux verticales tangentes à l'ellipse déjà dessinée. (Leurs points de contact se confondent sensiblement avec les points E et E′.) Menons la corde G_1E_1 perspectivement parallèle à GE ; nous obtenons le point E_1, situé verticalement au-dessous de E. La corde de front $E_1 E'_1$, parallèle à EE′, nous donne de même le point E'_1. Décrivons l'arc d'ellipse $E'_1 G_1 E_1$.

Personne, à l'école primaire, ne songera à représenter le contour apparent du tonneau autrement que par deux courbes tangentes aux ellipses de bases, symétriques par rapport à l'axe AB, et formées chacune de deux moitiés symétriques. Pour quelque esprit avide de précision, cette méthode peut prêter à la critique, mais il faut avouer que l'insignifiante supériorité d'un tracé *exact* sur celui que nous indiquons ne compenserait nullement le surcroît de peine qu'il aurait entraîné.

Les *cercles* du tonneau sont représentés par des arcs d'ellipses perspectivement parallèles aux bases.

Quant aux *douves* (1), leurs perspectives sont d'autant plus étroites et d'autant plus courtes qu'elles sont plus proches du contour apparent.

AUTRE CONSTRUCTION

Les tracés précédents sont les plus simples qu'on puisse effectuer, mais ils ont l'inconvénient de comprendre des lignes fuyant en des points inaccessibles.

Quand la ligne de fuite commune des cercles parallèles est contenue dans le dessin, on peut avoir avantage, au

---

1. On nomme *douves* ou *douelles* les planches qui forment le corps du tonneau, sauf les fonds.

point de vue de l'exactitude, à opérer sur des cordes n'aboutissant pas au contour apparent.

Appliquons ce procédé au **tronc de cône** (*fig*. 70). Ayant

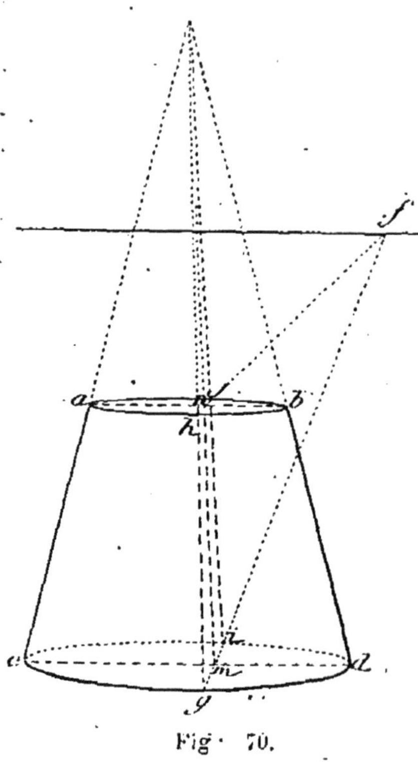

déjà dessiné les génératrices de contour apparent et l'ellipse de grande base, nous pouvons représenter les cordes *ab* et *cd* joignant les extrémités de ces génératrices.

Par un point quelconque *g* du contour de la grande base, menons la perspective d'une corde ayant son point de fuite dans le dessin, en *f*, par exemple, et ses extrémités en *g* et *i*; puis les génératrices *gh* et *ij* (ces génératrices se dirigent vers l'intersection de *ca* et de *db*). Nous représentons ainsi un plan qui rencontre le plan *abcd* suivant *mn*, ligne qui se dirige encore vers l'intersection de *ca* et de *db*.

Fig. 70.

L'intersection *n* de *mn* et de *ab* appartient au plan des génératrices *gh* et *ij*; si donc, par ce point *n*, on mène une parallèle perspective à *gi*, cette parallèle rencontrera les droites *gh* et *ij* en deux points appartenant à l'ellipse cherchée.

Nous avons maintenant quatre points de cette ellipse, ce qui est suffisant pour la tracer. Mais nous pourrions encore tracer les tangentes en *h* et en *j*, perspectivement parallèles aux tangentes en *g* et en *i*, ou chercher d'autres points de l'ellipse par la même méthode.

CERCLES CONCENTRIQUES

On a souvent à résoudre le problème suivant : *Construire la perspective d'un cercle concentrique à un autre déjà représenté.*

On se donne :

1° La perspective de l'un des deux cercles ;
2° La perspective d'un point du cercle cherché ;
3° La ligne de fuite du plan qui les contient tous deux.

Soit, par exemple, à représenter la face supérieure de la **margelle d'un puits** (*fig.* 73).

Avant de résoudre ce problème, rappelons les énoncés très simples de deux théorèmes de géométrie.

1° *Si on joint par une droite le point de concours de deux tangentes au milieu de la corde qui unit leurs points de contact, cette droite passe par le centre du cercle* (*fig.* 71).

Dans le cas particulier où les tangentes sont parallèles, la droite en question leur est également parallèle.

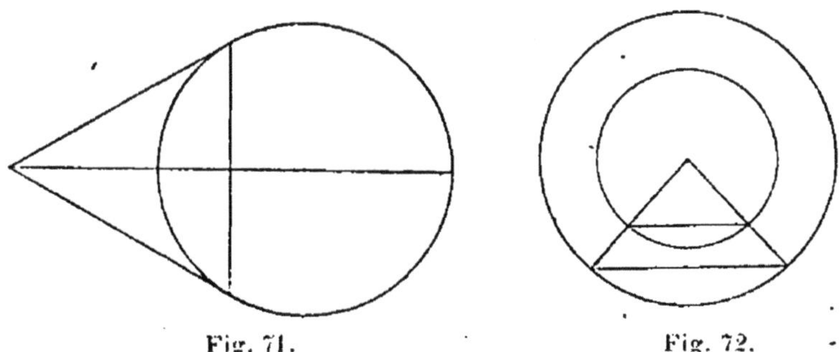

Fig. 71.　　　　　Fig. 72.

2° *Les cordes comprises entre les mêmes rayons de deux cercles concentriques sont parallèles* (*fig.* 72).

Représentons maintenant le bord externe de la margelle (*fig.* 73), puis déterminons le centre perspectif de celle-ci, en remarquant que ce centre est le milieu perspectif O de GJ, parallèle équidistante de AC et de BD.

4.

Donnons-nous la perspective *m* d'un point quelconque du cercle intérieur (1). Nous pouvons placer immédiatement la perspective *m'*. d'un second point, car toutes les cordes de front sont coupées en deux parties égales par le diamètre GJ.

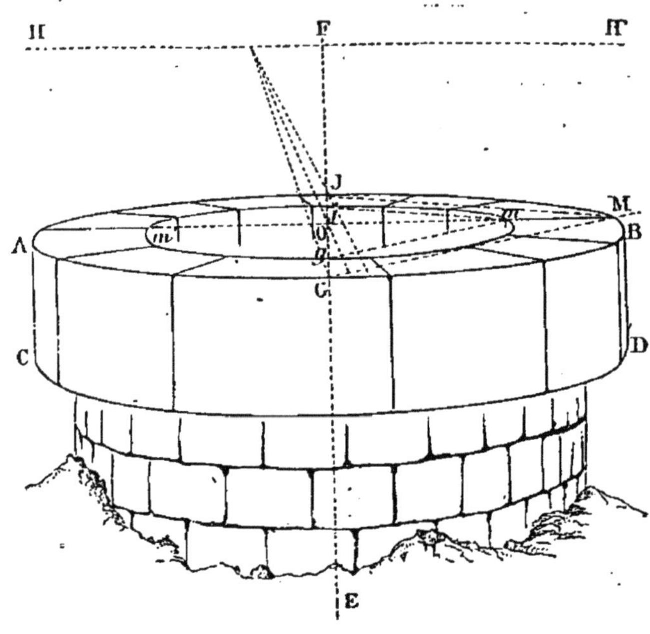

Fig. 73.

Pour obtenir un troisième point, considérons les deux rayons OG et OM. Traçons la corde GM dans la perspective du grand cercle, et par *m* menons-lui une parallèle perspective. Celle-ci représente une corde du petit cercle, qu'elle rencontre en *g* sur le rayon OG..

Traçons de même la corde MJ. Sa parallèle perspective *mj* donne un nouveau point *j* appartenant à la perspective du petit cercle.

1. Nous choisissons le point *m*, bien qu'il nous donne des fuyantes dont le point de fuite est inaccessible, parce que l'erreur qu'on peut commettre en le plaçant à vue entraîne des erreurs moindres pour les autres points, tandis que ce serait l'inverse si l'on déterminait mal, par exemple, le point *g*.

Nous pourrions de la même manière obtenir un nombre illimité de points, mais les quatre que nous avons suffisent.

Il n'est même pas indispensable de mener les tangentes aux points obtenus ; l'ellipse extérieure nous guide assez.

CAS PARTICULIERS

Dans les exemples précédents, la vue seule nous a fourni des indications sur la forme du modèle ; et, si nous n'avons commis que de légères erreurs d'appréciation, il sera impossible à ceux qui examineront notre dessin de les découvrir à sa seule inspection.

Mais il n'en est pas toujours ainsi. Tout le monde sait, par exemple, que les **poids** cylindriques en cuivre ont une hauteur égale à leur diamètre et qu'ils sont surmontés d'un bouton dont la hauteur est la moitié de ce même diamètre. Cette règle étant invariable, nous devons en tenir compte dans le dessin, et voici comment nous allons effectuer la construction.

Dessinons à vue (*fig*. 74) la perspective des verticales qui forment le contour apparent du cylindre, puis la partie visible de la base.

Achevons celle-ci dans sa partie cachée et plaçons son centre perspectif *o* comme dans le problème précédent.

Supposons maintenant le poids coupé en deux parties égales par un plan vertical de front. La section a la forme d'un carré surmonté d'une autre figure, dont le contour est le profil du bouton.

On peut remarquer que, malgré l'échelle relativement considérable de notre dessin, les extrémités du diamètre de front *af* sont sensiblement sur les génératrices de contour apparent. La construction n'en sera que plus simple.

Considérons les cercles horizontaux passant par *a,b,c,d,e*. Les cordes qui partent de ces mêmes points pour aboutir en des points ayant leurs perspectives sur *st* sont toutes

perspectivement parallèles, et, l'une d'elles *al* étant connue,
il est facile d'obtenir les autres.

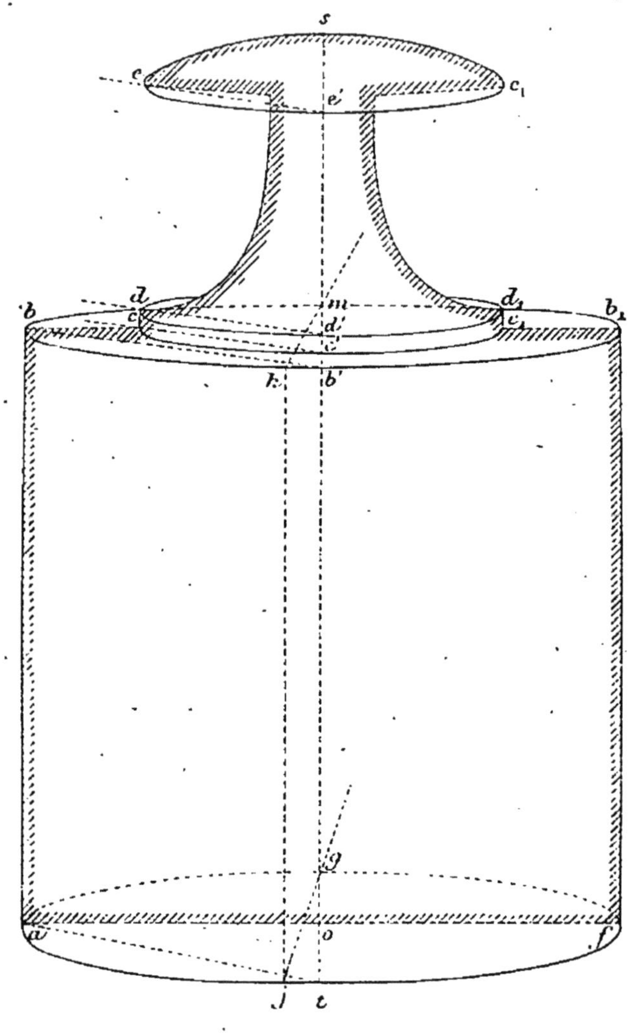

Fig. 71.

Pour tracer la perspective de chacun des cercles passant
par *b, c, d, e*, il suffit des trois points que nous avons
(*b b' b₁ ; c c' c₁*, etc.) avec les tangentes en *b' c' d' e'* (non
représentées), qui sont des tangentes de front.

Toutefois pour l'ellipse *b*, qui représente la base supérieure du cylindre, un quatrième point nous sera utile. Ce sera, par exemple, le point situé verticalement au-dessus de g.

Nous le déterminerons en traçant la corde quelconque gj, en élevant la verticale jk et en menant par k une parallèle perspective km à jg. La tangente en m est de front, comme la tangente en g.

On a quelquefois aussi à construire un cercle devant s'accorder avec le reste du dessin dont il fait partie.

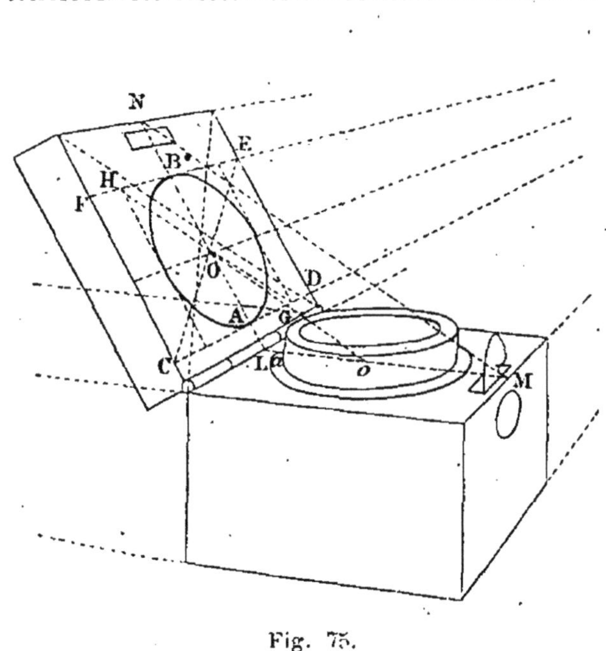

Fig. 75.

Par exemple, le couvercle de l'**encrier** représenté (*fig.* 75) étant un carré, nous devrons utiliser cette donnée dans le dessin du bouchon à ressort.

Le centre de ce bouchon est sur l'axe du carré, c'est-à-dire sur la parallèle à ses côtés inclinés qui passe par l'intersection de ses diagonales. Mais ce centre ne coïncide pas avec le milieu du carré, car le cercle est un peu rejeté vers la charnière pour laisser une place suffisante à la fermeture.

Marquons les points A et B, où la perspective de l'axe rencontre celle de la circonférence. Les tangentes en ces points sont parallèles aux côtés horizontaux du carré, et leur rencontre avec les côtés obliques de celui-ci détermine un rectangle dont la perspective est CDEF, et dont le milieu, représenté en O (intersection d'une diagonale CE avec AB), est le centre du cercle.

Ce point O est aussi le milieu perspectif du carré circonscrit au cercle et ayant ses côtés parallèles à ceux du premier. Achevons la perspective de ce carré en menant GH, perspectivement parallèle à une diagonale du grand carré, puis en faisant passer par G et H des parallèles perspectives aux côtés obliques de celui-ci. Enfin inscrivons une ellipse dans le quadrilatère ainsi formé.

Le corps métallique de l'encrier présente à sa partie supérieure une ouverture circulaire destinée à laisser passer le col de la bouteille en verre. *Le centre de cette ouverture et le centre du bouchon sont symétriques par rapport à la charnière.*

Dans la face supérieure de la boîte métallique, traçons donc la perspective de l'axe LM. Menons MN et sa parallèle perspective Oo; o représente le centre de l'ouverture.

Déterminons à vue le point a. Nous n'avons plus qu'à répéter les opérations relatives au bouchon.

On a supprimé sur la figure le tracé des autres cercles perspectifs. Ils représentent, en effet, les bases d'un cylindre ou bien des cercles concentriques, et nous savons comment on opère dans ces circonstances.

CERCLES DIVISÉS EN PARTIES ÉGALES

Soit à représenter une **roue** de voiture appuyée contre un mur (*fig.* 76).

Nous pouvons diviser ce problème en trois parties :

1° dessin du tour de la roue ; 2° dessin du moyeu ; 3° dessin des rais.

1° *Dessin du tour*. C'est un cylindre évidé, sur la construction duquel nous n'avons rien à dire. (Voir les dessins du cylindre, de la margelle, du poids en cuivre, pages 76, 82 et 84, et remarquer qu'ici la ligne de fuite commune des bases du cylindre (non représentée) est une oblique.)

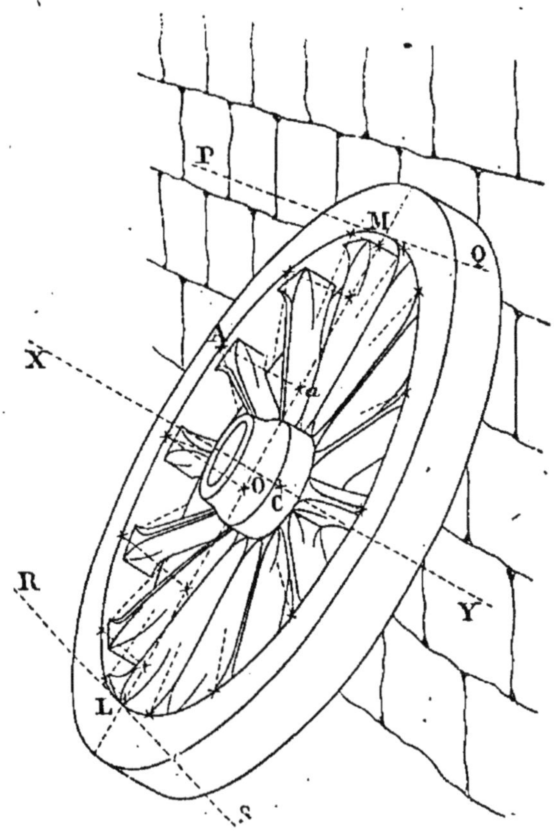

Fig. 76.

2° *Dessin du moyeu*. Le moyeu et le tour de la roue ont un axe commun. Grâce à la construction précédente, nous avons déjà cet axe. C'est la parallèle perspective XY aux génératrices du cylindre. Les différents cercles qu'on voit représentés sur le moyeu ont donc pour centres des points de XY.

3° *Dessin des rais*. Dans nos régions, les roues ont généralement quatorze rais, qui divisent la circonférence en autant de parties égales.

Soit A la perspective d'un des points de division. Menons par ce point une parallèle perspective A*a* (*fig.* 76) aux tangentes PQ et RS qui touchent la courbe en L et M, extrémités perspectives du diamètre de front.

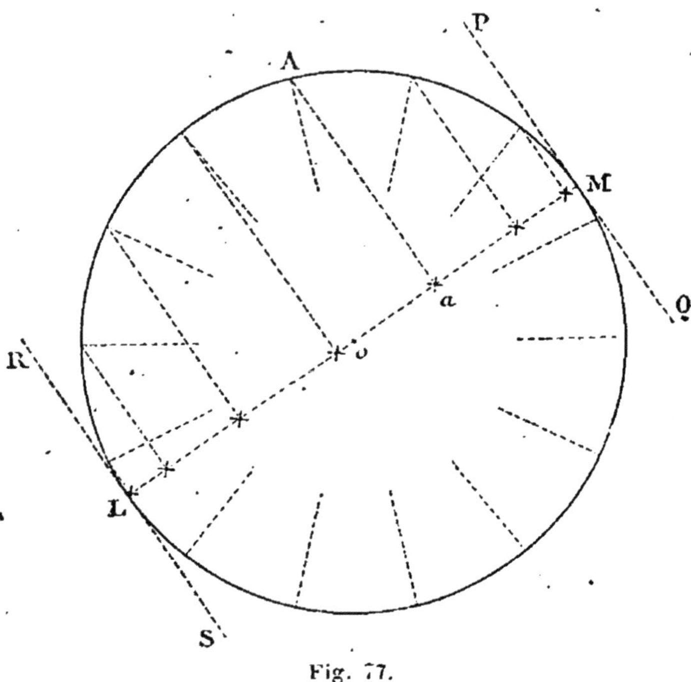

Fig. 77.

Représentons maintenant dans une position de front la circonférence des rais (*fig.* 77). Si LM correspond au diamètre de front de la figure 76, PQ et RS correspondront aux tangentes, et *Aa*, aux points affectés des mêmes lettres. A partir du point A, divisons la circonférence en quatorze parties égales, et par les points obtenus menons des parallèles à A*a*. Ces parallèles déterminent sur le diamètre LM un certain nombre de segments.

Or, si nous reportons ces segments sur le diamètre LM de la figure 76 et si par les points de division nous menons des parallèles perspectives à A*a*, n'est-il pas vrai que nous aurons partagé perspectivement en quatorze parties égales la circonférence des rais?

Il est même inutile de mener quatorze parallèles : sept suffisent, puisque les points cherchés sont diamétralement opposés deux à deux. Cette abréviation se voit dans les figures 76 et 77.

Nous savons maintenant sur quelles génératrices se terminent les axes des rais. Leur ensemble formant une surface légèrement concave, le point commun d'où ils rayonnent est sur l'axe de la roue, en C, un peu à droite de O.

Ceci établi, il sera relativement facile d'achever le dessin à vue.

La division perspective d'un cercle en parties égales entraîne, comme on le voit, des opérations un peu compliquées. Mais il faut ajouter que le dessin précédent est une application du cas le plus général, et que dans la pratique le problème se simplifie parfois considérablement.

En voici un exemple :

Pendule-Borne. — Le cadran est un cercle divisé en douze parties égales. Représentons cette figure de front (*fig.* 78) et donnons aux points de division les noms des heures. Si nous joignons les points 2 et 10, nous divisons en deux parties égales le rayon mené vers 12.

De même, le rayon dirigé vers 6 est divisé en deux parties égales par la ligne 4-8. De même encore, les rayons menés vers 3 et 9 sont divisés en deux parties égales par les cordes 1-5, 11-7. Enfin les cordes obliques

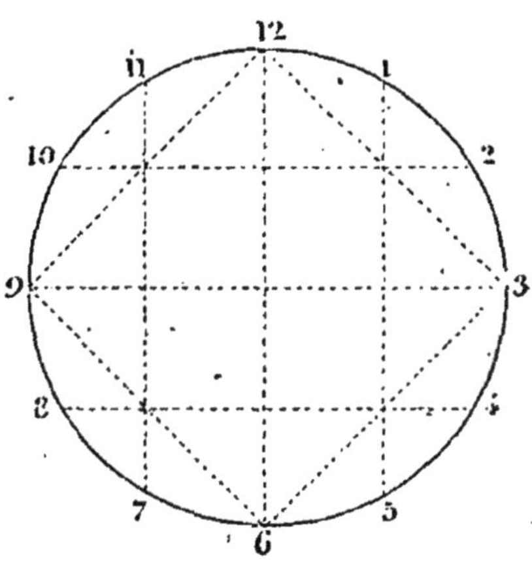

Fig. 78.

12-3, 3-6, 6-9, 9-12 coupent les cordes verticales et horizontales en leurs points de rencontre.

Ces remarques faites, nous pouvons commencer notre dessin (*fig*. 79).

Fig. 79.

Nous ne dirons rien du corps de la pendule. Les saillies symétriques de sa base et de son couronnement pourront être représentées à vue (1).

Rien à dire non plus des cercles en cuivre qui entourent le cadran (monture de cuivre, biseau de la glace, etc.).

Nous admettrons seulement que le cadran est dans le

1. Voy. aussi l'*Appendice*, note V, p. 116.

plan du cercle dont la perspective est le plus à droite dans notre dessin.

Nous mènerons le diamètre vertical XII-VI, et le diamètre III-IX perspectivement parallèle à une série d'horizontales perspectives déjà tracées.

Fig. 80.

Par les milieux des rayons O-XII et O-VI nous ferons passer des cordes perspectivement parallèles aux mêmes horizontales. L'une d'elles sera rencontrée par deux cordes obliques, joignant IX-XII et XII-III, et par les points de rencontre nous mènerons deux cordes verticales, dont les extrémités détermineront les points I-V-VII-XI.

Le reste du dessin n'offre aucune difficulté nouvelle.

CAS GÉNÉRAL

Dessin d'une chaise.—Nous nous éloignons cette fois des formes géométriques simples. Voici un modèle (*fig*. 80) assez contourné, et il semble que sa mise en perspective doive exiger des opérations laborieuses. Point du tout. Nous appliquerons purement et simplement la règle générale :

Ramener tout dessin à un ou plusieurs systèmes de parallèles.

Si on joint en effet les pieds de la chaise par quatre droites, on a un trapèze, c'est-à-dire trois directions de lignes : or, toutes les parties horizontales droites ont l'une ou l'autre de ces directions; quant aux parties courbes, leurs points symétriques peuvent être unis par des droites ayant ces mêmes directions.

Ces indications, jointes à une observation attentive du modèle, permettent de représenter celui-ci d'une manière satisfaisante (1).

1. Pour les autres applications, voy. l'*Appendice*, note IV, p. 113.

APPENDICE

NOTE PREMIÈRE (1)

RAISON DES CHANGEMENTS D'ASPECT D'UN DESSIN

Dans notre *Avant-propos*, nous avons constaté que l'as-

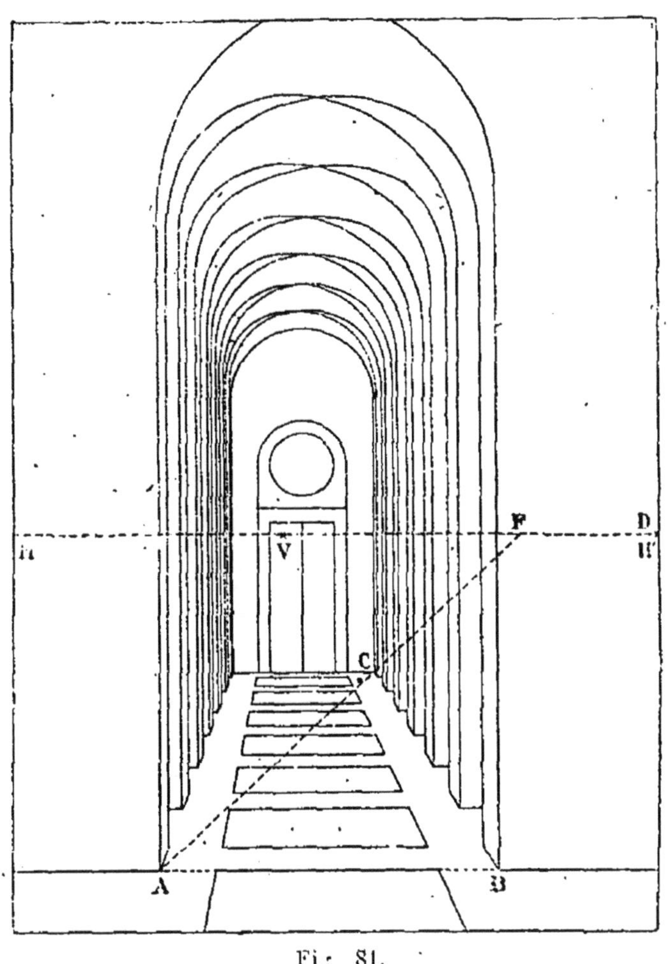

Fig. 81.

pect d'un dessin change avec la position qu'on prend pour
le regarder. Il est temps de donner la raison de ce fait.

1. Voy. l'*Avant-propos*, p. 7 et suiv.

Remettons sous nos yeux l'exemple alors donné (*fig.* 81), puis représentons ce dessin dans une position très fuyante (*fig.* 82).

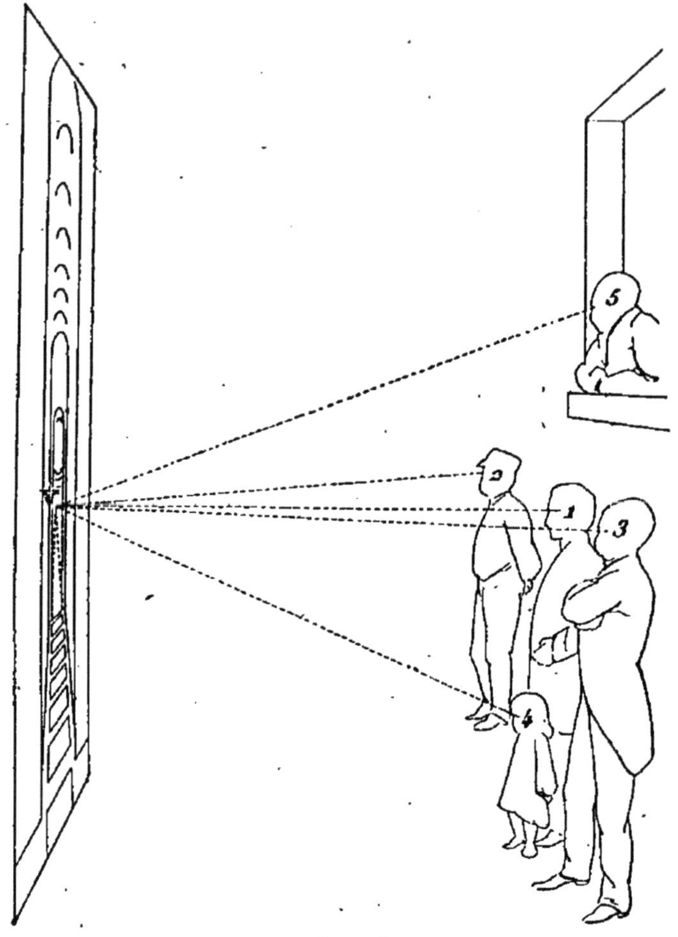

Fig. 82.

Un spectateur étant en 1, les horizontales fuyantes du dessin, qui convergent en V, lui semblent parallèles entre elles et parallèles en outre à la droite de profil IV passant par leur point de fuite commun V (on sait que les parallèles fuyantes paraissent se rencontrer en un point qui représente leur parallèle de profil (1).

1. Voy. p. 39.

Si le spectateur se déplace vers sa droite, et prend la position 2, les horizontales fuyantes paraissent toutes parallèles à la ligne de profil 2 V, dirigée vers sa gauche.

La figure montre clairement quelles seront les directions apparentes des fuyantes lorsque le spectateur prendra les positions 3, 4 et 5.

Fig. 83.

Mais ce qui est certainement très digne de remarque, c'est que nous fassions ce raisonnement à notre insu, si l'on peut ainsi parler, et avant même d'avoir acquis la moindre notion de perspective.

Elle est également inconsciente, l'opération par laquelle nous attribuons à un tableau une profondeur d'autant plus considérable que nous l'observons de plus loin : D'où vient cela ?

Reprenons encore notre exemple (*fig.* 81).

Comment apprécions-nous la longueur que représente la fuyante BC? — Par le rapport qui semble exister entre cette longueur et la largeur AB.

Et ce rapport, comment l'établirons-nous? — Par l'angle que représente la figure ACB. Jugeons-nous l'angle ACB très aigu? La longueur BC nous semble considérable. Au contraire, plus cet angle nous paraît grand, plus la galerie nous paraît courte.

Or, l'angle ACB est égal à l'angle VCF (*fig.* 83), dont les côtés semblent parallèles aux droites de profil aboutissant en V et en F. — Or, si l'angle de ces deux droites devient successivement V1F, V2F, V3F, il diminue, et l'angle VCF ou son égal ACB subissent la même diminution apparente. Par suite la fuyante BC semble de plus en plus longue.

La seule chose réellement surprenante, répétons-le, c'est que sans étude préalable, sans que le point F ni même la droite AC soient indiqués sur le tableau, nous arrivions naturellement à une conclusion qu'un raisonnement assez délicat nous eût seul permis de prévoir.

NOTE II (1)

CAS PARTICULIERS

Quelques difficultés peuvent se présenter dans l'application de la règle indiquée, page 57.

Comment fera-t-on, par exemple, **lorsque le point de fuite de la fuyante sera hors du dessin?**

On déterminera expérimentalement la ligne de fuite du plan où seront contenues la fuyante et la ligne de front, et, pour le reste, on opérera comme l'indique la règle.

1. Voy. p. 57 et suiv.

Soit à dessiner un **juchoir** ou **juc** à poulets (*fig.* 84) formé de bâtons horizontaux, divisant en cinq parties égales les deux montants obliques parallèles qui les réunissent.

Effectuons la division du montant de gauche AB : par l'une de ses extrémités, A, menons une verticale sur laquelle nous portons, à partir de A, cinq longueurs égales.

Joignons BC.

Le plan auquel appartiennent le montant AB et la verticale AC a pour ligne de fuite une autre verticale passant par le point de fuite de AB.

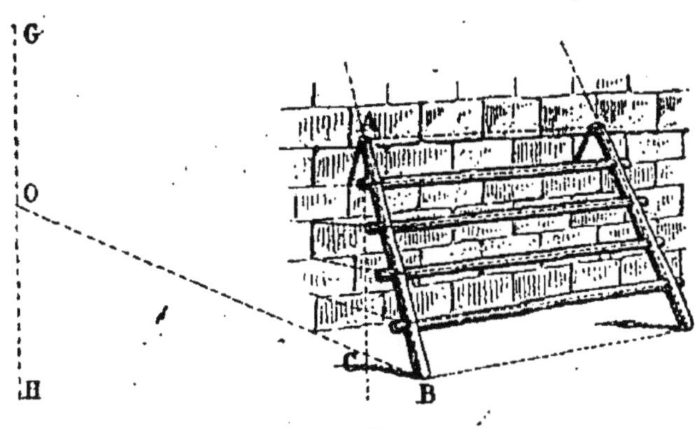

Fig. 84.

Or, nous savons déterminer expérimentalement ce point de fuite et la verticale où il se trouve.

Plaçons sur notre dessin la perspective GH de celle-ci, *relevée à vue* aussi exactement que possible.

La construction n'offre plus, dès lors, aucune difficulté nouvelle.

Nous n'examinerons pas le cas où **le plan qui contient la fuyante et la droite de front a sa ligne de fuite en dehors du dessin**, car on peut toujours éviter qu'il en soit ainsi.

Il suffit de choisir le plan qui contient la fuyante de manière à avoir, au moins en partie, sa ligne de fuite dans le dessin.

EXEMPLE. — Soit à placer (*fig.* 85), dans la perspective d'un **escalier rustique**, les barreaux également espacés de la rampe. En d'autres termes, *soit à diviser perspectivement la fuyante oblique* AB *en un certain nombre de parties égales* (8, dans le cas actuel).

Nous supposons AB dans un plan quelconque ; la ligne de fuite de ce plan doit passer par le point de fuite de AB, mais peut avoir n'importe quelle direction (voy. p. 57).

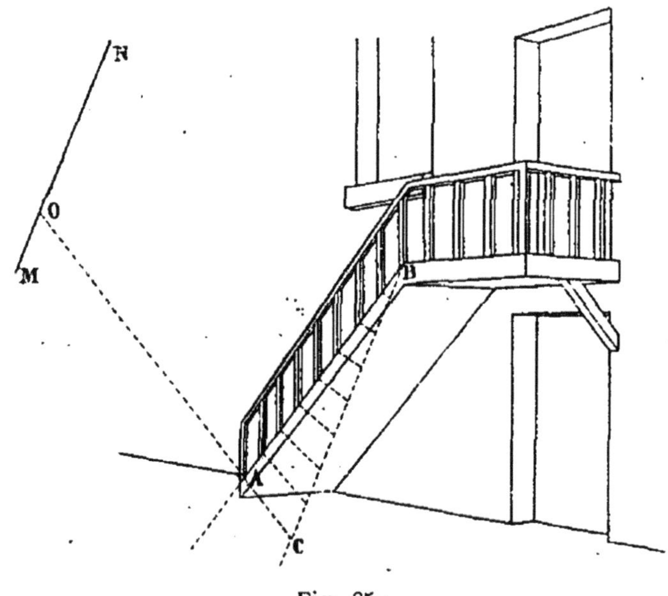

Fig. 85.

En conséquence, par ce point de fuite, situé assez loin à gauche et au-dessous de notre dessin, menons une droite quelconque dont une partie MN traverse ce dernier.

MN est donc la ligne de fuite d'un plan qui contient AB. Elle est géométriquement parallèle aux droites de front de ce plan ; nous savons ainsi quelle direction donner à BC, auxiliaire de front qui doit nous servir à diviser AB, et il ne nous reste plus qu'à porter, de B en C, 8 longueurs égales, choisies de manière à donner dans l'intérieur du dessin le point de rencontre O de MN avec le prolongement de CA.

Quelquefois une **fuyante** est **divisée en un grand nombre de parties égales**, ou bien les mêmes longueurs se répètent périodiquement un grand nombre de fois sur cette fuyante.

La construction que nous avons effectuée dans la première partie de cet ouvrage (1) nécessiterait alors l'emploi d'une auxiliaire de front trop longue ou divisée en parties trop petites. Aussi, sans recourir à de nouveaux principes, utilise-t-on d'une manière un peu différente ceux que nous avons appliqués.

La figure 86 représente un **papier de tenture** formé de bandes verticales alternativement larges et étroites, séparées par des intervalles égaux. L'arête supérieure fuyante du mur se trouve divisée par ces intervalles et ces bandes *en parties périodiquement égales*.

Soit donnée par expérience la largeur perspective AB du premier dessin, c'est-à-dire de la première série complète de bandes et d'intervalles ; et soit à déterminer la largeur perspective du dessin suivant, ce qui revient évidemment à doubler la première.

La fuyante perspective AB est supposée dans un plan horizontal, dont la ligne de fuite est la ligne d'horizon HH'.

L'auxiliaire de front sera l'horizontale AC, sur laquelle nous placerons un point quelconque C que nous joindrons à B par une ligne prolongée jusqu'en H.

Mais, au lieu de porter une seconde fois AC, de C en D, nous pouvons aussi bien porter cette longueur de B en D' sur l'horizontale BD', en tenant compte de la différence d'éloignement et par suite d'échelle.

D'ailleurs, pour faire la ligne BD' perspectivement égale à AC et à CD, il suffit de la limiter par AL et par sa parallèle perspective CM.

Si maintenant on mène par D' une parallèle perspective à CB, on obtient le point E, qui détermine la largeur perspective du second dessin.

1. Voy. p. 57.

On aurait de même la largeur perspective du troisième en menant l'horizontale EF, puis la parallèle perspective FG à CB. Et ainsi de suite.

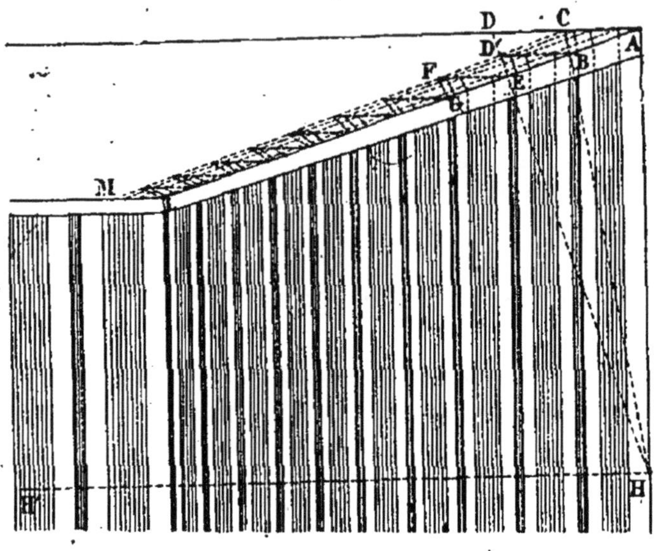

Fig. 86.

Pour obtenir la perspective des bandes qui composent chaque dessin, il n'y a qu'à partager l'auxiliaire de front AC en parties proportionnelles à la largeur de ces bandes et de leurs intervalles.

Des parallèles perspectives à AL et à CM diviseront de même les autres petites horizontales de front, et une nouvelle série de parallèles perspectives, passant par les points de division obtenus et fuyant en H, partagera enfin de la même manière la fuyante AL.

Ainsi se trouve assez simplement justifié le réseau de lignes ponctuées qu'on voit dans la figure 86, réseau dont la complication apparente est due un peu à l'énoncé même du problème, mais surtout aux dimensions réduites de la figure.

NOTE III (1)

REPRÉSENTATION DES POLYGONES RÉGULIERS ET APPLICATIONS

Triangle équilatéral.

Dans celui-ci, aucun côté n'est parallèle à un autre, et aucune diagonale ne peut être menée. Il en résulte qu'un triangle équilatéral doit être copié à simple vue.

Théoriquement, le dessin obtenu, quel qu'il soit, paraîtra toujours exact, d'un point convenablement choisi. Il faut toutefois, dans la pratique, que ce point soit un de ceux que pourra prendre naturellement le spectateur.

Carré.

Pour nous, un carré sera l'espace compris entre deux couples de parallèles qui se rencontrent.

Mais cette définition convient aussi bien au losange, au rectangle, et, en général, à tous les parallélogrammes. En outre, si les quatre parallèles sont fuyantes, leur perspective forme un quadrilatère irrégulier.

Un quadrilatère quelconque peut donc *être indifféremment la perspective d'un carré, d'un rectangle, d'un losange, d'un parallélogramme,* etc.

Cette conclusion, étrange au premier abord, n'en est pas moins justifiée, puisque nous savons que les rapports des angles et ceux des longueurs mesurées sur des lignes non parallèles sont variables avec la position du spectateur (2).

Il n'en faudrait pas pourtant tirer cette conséquence, que sur un même dessin on puisse représenter par des quadrila-

---

1. Voy. p. 66.
2. Voy. l'*Avant-propos*, p. 9, et la note 1re de l'*Appendice*, p. 93.

tères identiques un carré, un rectangle, un losange, un parallélogramme ou un autre quadrilatère. Non. Dans la figure 87, par exemple, chacun des trapèzes A, B, C et D peut indifféremment avoir l'une ou l'autre de ces significations ; mais, si A représente un carré, B représente un rectangle dont la longueur est de front, C représente un losange et D un parallélogramme ; si B représente un carré, A représente un rectangle dont la longueur est fuyante, C représente un parallélogramme, et D un losange. Si C représente un carré, A et B représentent des parallélogrammes et D un rectangle, etc. (1).

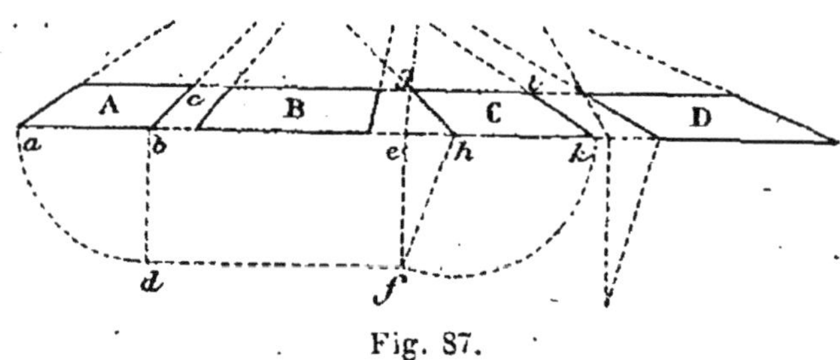

Fig. 87.

Remarque. — Ordinairement, le plan où se trouve le carré, le rectangle, le losange ou le parallélogramme est déterminé. *Il importe donc de bien placer les deux points de fuite des côtés sur la ligne de fuite de ce plan.*

APPLICATION

Dessin de l'échiquier (*fig.* 88).

Déterminons à vue la perspective des côtés AF et AB.

AB et AF représentant des lignes horizontales, leurs points de fuite se trouvent au niveau de notre œil, sur une même horizontale représentée en HH'.

---

1. Quelque lecteur se demandera sans doute comment on peut affirmer que C ou D représente un *losange*, si A ou B est un carré. Rien n'est plus simple. Voici le petit raisonnement qu'on a fait pour construire ces figures : Si A est un carré, $ab = bc$; par suite $ef = eg$, car $ef = bd = bc = eg$; et $fh = gh = hk$; les deux lignes gh et hk sont donc deux côtés adjacents d'un losange, que complètent leurs parallèles gl et kl. Ce même raisonnement s'applique à la figure D, comparée à la figure B, considérée elle-même comme la perspective d'un carré.

Donnons-nous la hauteur AC.

Menons par C des parallèles perspectives à AF et à AB ;

Par F et par B, des verticales ;

Enfin, par L et par G, des parallèles perspectives à AB et à AF.

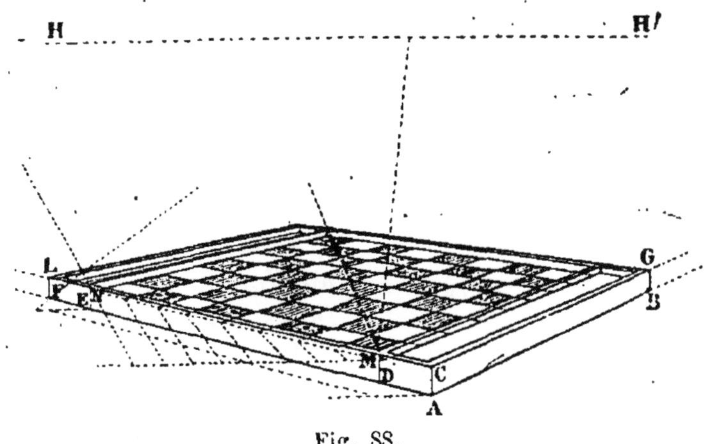

Fig. 88.

Soit représentée en AD la largeur de la boîte à jetons antérieure ; celle de la boîte postérieure l'est en EF (1).

Élevons en D et en E des verticales, puis par M et par N menons des parallèles perspectives à AB.

Indiquons par des parallèles perspectives à AF l'épaisseur de la planchette verticale ACLF et celle de la planchette postérieure qui lui est opposée.

Les quatre dernières lignes tracées circonscrivent une surface qui représente un carré. Si des sommets de celui-ci nous abaissons quatre petites verticales perspectivement égales, nous obtenons les sommets d'un nouveau carré, celui sur lequel sont peintes les cases.

Pour effectuer la division de ce dernier en 64 carrés égaux, il suffit de partager un de ses côtés en 8 parties perspectivement égales ; de mener par les points de division des parallèles perspectives aux côtés adjacents ; de tracer une diagonale, et de mener, par ses points de rencontre avec les

1. Pour la construction, voy. p. 61.

parallèles précédentes, des parallèles perspectives au côté divisé.

L'achèvement du dessin des boîtes offre avec ce qui précède une analogie suffisante pour qu'il soit inutile d'en parler.

Pentagone régulier.

Dans un pentagone régulier (*fig.* 89) :

Toute diagonale (AC, EB) est parallèle à un côté (ED, DC).

Deux diagonales n'ayant pas la même origine (AC, EB) se coupent réciproquement en deux parties dont la plus grande (EO, OC) est égale au côté du pentagone *qui lui est parallèle* (1).

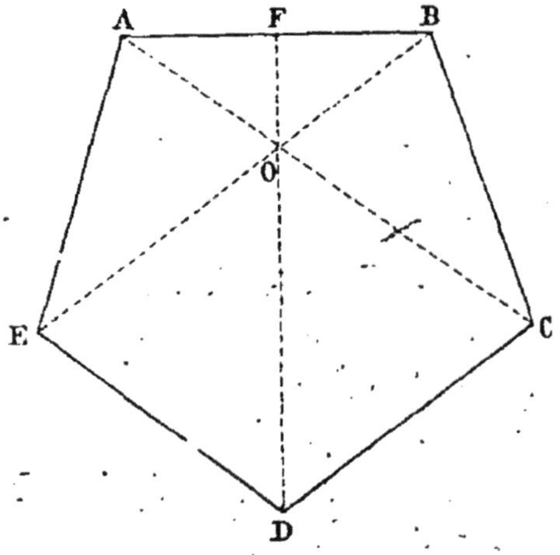

Le rapport entre les deux segments des diagonales est constant. On peut donc le déterminer une fois pour toutes, en reproduisant avec soin la figure 89. Il est d'ailleurs facile de démontrer que les deux diagonales se divisent réciproquement en *moyenne et extrême raison* (2).

Fig. 89.

1. En réalité, le plus grand segment de chaque diagonale est égal à un côté quelconque du pentagone, puisque celui-ci est régulier; cependant il est bon d'introduire cette condition restrictive : qui lui est parallèle, pour bien montrer qu'on ne s'occupe que de longueurs mesurées sur des parallèles.

2. On sait qu'une droite est divisée en *moyenne et extrême raison* quand son plus grand segment est moyen proportionnel entre la droite entière et le plus petit segment.

Dans la figure 89, par exemple, les triangles isocèles AOB et ABC sont semblables comme ayant un angle commun.

Donc :

$$\frac{AO}{AB} = \frac{AB}{AC},$$

La droite qui joint le point de rencontre (O) des deux diagonales au cinquième sommet (D) du pentagone passe par le milieu (F) du côté opposé à ce sommet.

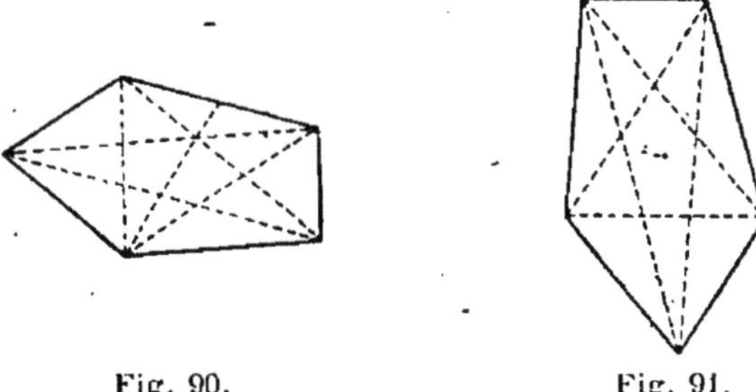

Fig. 90.   Fig. 91.

Ces propriétés appartiennent encore à d'autres pentagones (voy., par exemple, les *fig.* 90 et 91). Mais comme la perspective de l'un peut devenir, par les déplacements du spectateur, la perspective des autres, nous n'établirons entre eux aucune distinction.

APPLICATION

Soit (*fig.* 92) le **couvercle d'une boîte pentagonale.** Proposons-nous de représenter celle-ci dans une position horizontale, avec un côté de front. Chaque côté du pentagone ABCDE a pour longueur deux diagonales et un côté de petit pentagone. Donnons-nous donc (*fig.* 93) la perspective *ab* du côté de front AB, et celle du côté fuyant BC.

Pour obtenir le point *e*, menons par *a* la parallèle perspective *ad* à *bc*, et par *c* la parallèle *ce* à *ab*. Nous déterminons ainsi le point *f*, et, en nous reportant à ce qui a été dit plus haut, il nous est facile de trouver la longueur *ce*, ayant la longueur *cf*.

Divisons *ab* comme AB, et, par les points de division,

et, comme AB = OC, on a :

$$\frac{AO}{OC} = \frac{OC}{AC}.$$

(Pour la division d'une droite en moyenne et extrême raison, consulter les traités de géométrie.)

menons des parallèles perspectives à *bc* et à *ae*. Ces parallèles se coupent en des points par lesquels nous faisons passer des parallèles à *ab*.

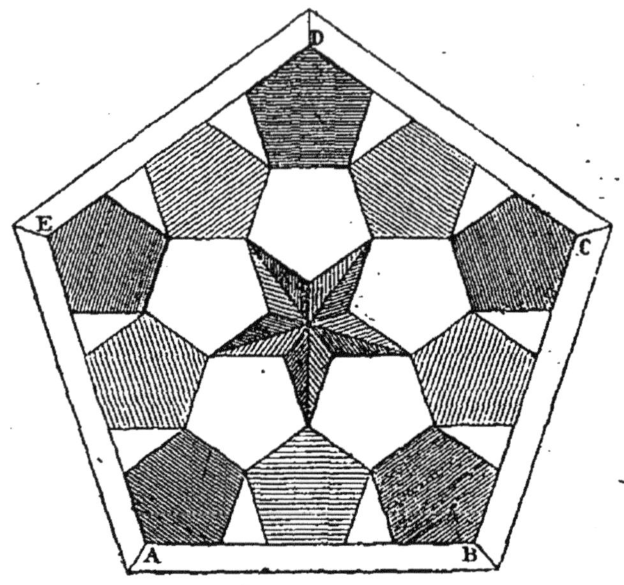

Fig. 92.

Nous formons ainsi un réseau où il est facile de reconnaître les points correspondant aux sommets des petits pentagones de la figure 92, au moins dans la partie comprise
entre *ab* et *ec*. Mais *e*, *d* et *c* sont trois sommets du pentagone enveloppant, et les points où les côtés *de*, *dc* qu'ils
limitent sont rencontrés par les parallèles à *ae* et à *bc* sont
les sommets qui nous manquaient pour achever la figure.

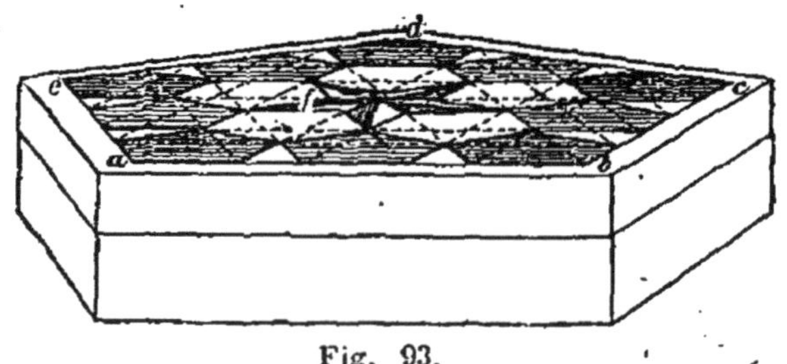

Fig. 93.

On pourrait ajouter des parallèles complémentaires au
réseau, et la figure 93 en présente, en effet, quelques-unes;

mais celles-ci ne servent qu'à assurer l'exactitude du tracé, un point se trouvant mieux déterminé par la rencontre de trois lignes que par la rencontre de deux.

✕ Hexagone régulier.

L'hexagone régulier peut être considéré comme un losange particulier, dont les angles aigus auraient été abattus (*fig.* 94).

Parmi les droites qui traversent le polygone d'un sommet à un autre, les unes pas-sent par le centre : con-venons de les appeler *dia-mètres;* les autres ne pas-sent pas par le centre : réservons-leur le nom de *diagonales.*

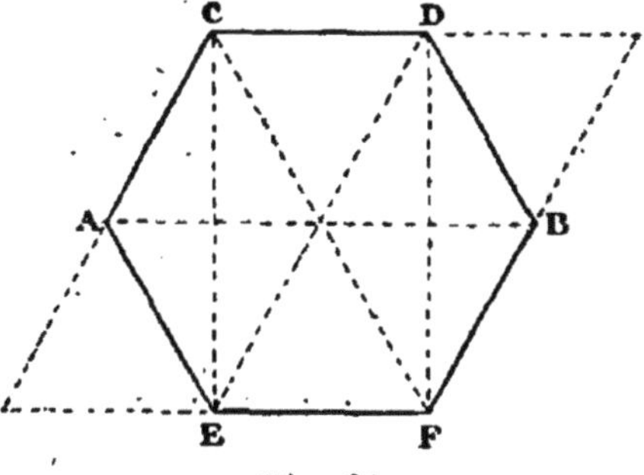

Fig. 94.

Ceci entendu :

Tout diamètre (AB) est parallèle à deux côtés (CD, EF), et sa longueur est double de la leur.

Tout diamètre (AB) est divisé par les autres (ED, FC) et par deux diagonales (EC, FD) en quatre parties égales.

Toute diagonale (CE) est rencontrée en son milieu par un diamètre (AB).

APPLICATIONS

Pyramide hexagonale régulière (*fig.* 95). — *Si un côté* AB *de la base est de front,* nous nous donnons (*fig.* 96) sa longueur *ab,* ainsi que la perspective de *bc.*

Nous doublons *ab* en reportant sa longueur de *a* en *e.*

Par *e* nous menons une parallèle perspective à *bc.*

Le diamètre qui passe par C est de front : il est repré-senté par l'horizontale *cd,* dont la rencontre avec *ed* déter-mine le sommet *d* de l'hexagone perspectif.

Les autres sommets ne sont pas visibles et ne nous inté-ressent pas.

La perspective du centre de la base est le milieu *o* de *cd*. Le sommet de la pyramide se trouve sur la verticale de ce point : soit *s* sa perspective.

Il est dès lors facile d'achever le dessin.

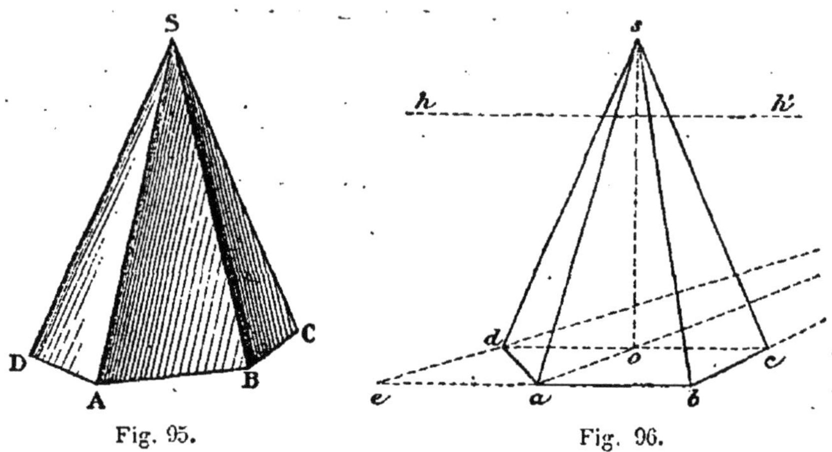

Fig. 95.　　　　Fig. 96.

Si tous les côtés de la base étaient fuyants (fig. 97), nous suivrions exactement la même marche ; il serait seulement un peu plus long de doubler perspectivement le côté *ab*, et le point *o* semblerait un peu plus proche de *c* que de *d*.

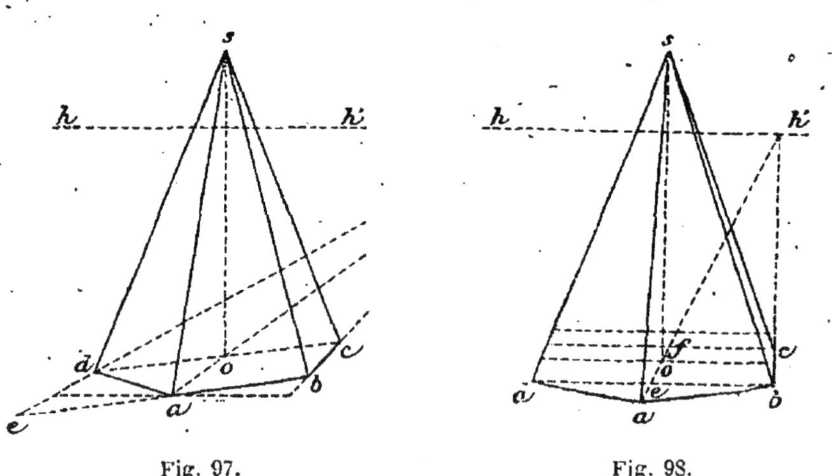

Fig. 97.　　　　Fig. 98.

Si, tous les côtés étant fuyants, la diagonale BD *était de front*, nous nous donnerions les directions des perspectives *ad* et *ab* (*fig*. 98), ainsi que la longueur de l'une d'elles.

La ligne de front *bd* déterminerait un troisième sommet de l'hexagone.

Le diamètre partant de *a* passerait par le milieu *e* de *bd*, et en portant perspectivement, de *e* en *f*, deux fois la longueur de *ae*, on aurait le point de rencontre de ce diamètre avec l'autre diagonale de front *fc*.

Les côtés compris entre les diagonales de front seraient perspectivement parallèles au diamètre mené du point *a*.

En traçant celui qui est visible, *bc*, en élevant du centre perspectif *o* de l'hexagone une verticale et en y plaçant le point *s*, il resterait peu de chose à faire pour terminer le dessin.

Carrelage en briques hexagonales. — Soit AB (*fig*. 99) l'arête inférieure du mur.

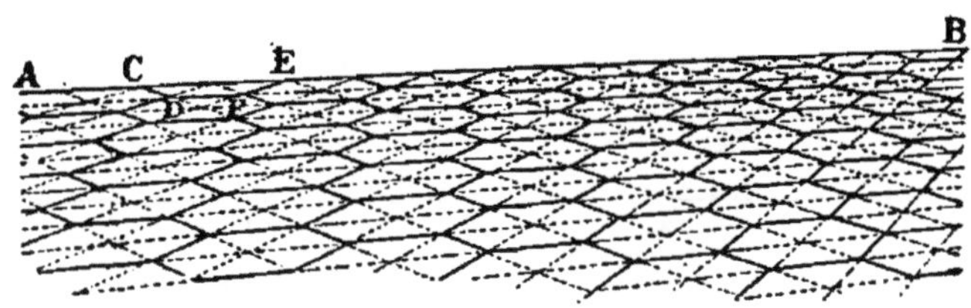

Fig. 99.

Portons sur cette ligne des longueurs perspectivement égales au côté d'une brique.

Donnons-nous les directions CD et EF de deux côtés perspectifs non parallèles à AB, et menons-leur, par les points de division de AB, deux séries de parallèles perspectives.

Parmi les intersections de celles-ci, il est aisé de reconnaître les sommets des hexagones.

Une troisième série de droites, perspectivement parallèles à AB, peut servir à assurer l'exactitude du tracé.

× **Octogone régulier**.

L'octogone régulier peut être regardé comme un carré dont les quatre angles auraient été abattus. Les parties supprimées sont quatre triangles rectangles isocèles ayant pour hypoténuses quatre côtés de l'octogone.

Si on connaît le côté d'un de ces triangles, il est facile de trouver son hypoténuse, c'est-à-dire le côté de l'octogone :

Soit AB (*fig*. 100), le côté du triangle.

Elevons en B une perpendiculaire BC égale à AB ; AC est le côté de l'octogone.

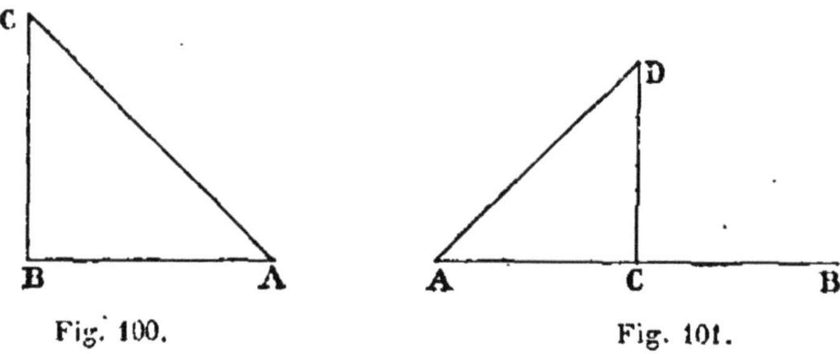

Fig. 100.   Fig. 101.

Il est également facile de revenir du côté de l'octogone, c'est-à-dire de l'hypoténuse du triangle rectangle, au côté de son angle droit :

Soit AB le côté de l'octogone (*fig*. 101).

En son milieu C, élevons une perpendiculaire égale à sa moitié AC. AD est la longueur cherchée.

On pourrait aisément prouver que, dans chaque triangle, le rapport de l'hypoténuse au côté de l'angle droit est égal à $\sqrt{2}$ ou à 1,414...

Ceci admis, si on donne le côté du carré dans lequel on suppose découpé l'octogone, on aura le côté de ce dernier en divisant la longueur donnée en trois parties, proportionnelles à 1, $\sqrt{2}$ et 1.

APPLICATIONS .

Dallage formé d'octogones et de carrés. — Soit (*fig.* 102) AB la demi-diagonale d'un des carrés.

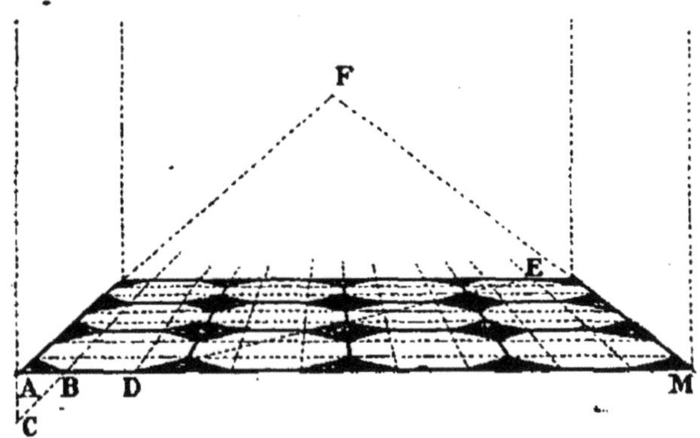

Fig. 102.

Si nous faisons de cette longueur le côté d'un triangle rectangle isocèle CAB, l'hypoténuse CB est le côté de l'octogone.

Portons donc périodiquement sur AM et à partir de B la longueur CB, puis deux fois AB, et ainsi de suite.

Par les points obtenus, menons des parallèles perspectives, qui convergent toutes au point F, déterminé expérimentalement.

Donnons-nous, également à vue, la direction perspective DE du côté d'un carré, et, par les points où DE rencontre les fuyantes en F, menons des parallèles à AM.

Tous les sommets des octogones sont ainsi déterminés, et il ne s'agit plus que de les reconnaître, ce qui est très facile.

Pour justifier ce tracé, aussi bien que pour trouver les lignes qui peuvent servir à en contrôler la justesse, il suffit de représenter le dallage de front, comme nous le faisons dans l'exemple suivant (*fig.* 103).

Dallage formé d'octogones et d'étoiles à quatre pointes. — On voit dans la figure 103 un réseau de lignes ponctuées formant des carrés et des rectangles.

Il suffirait de construire ce réseau et de tracer les deux diagonales de chaque rectangle pour obtenir le dessin des octogones. Mais il faut, avant tout, savoir quel rapport existe entre la longueur et la largeur d'un rectangle.

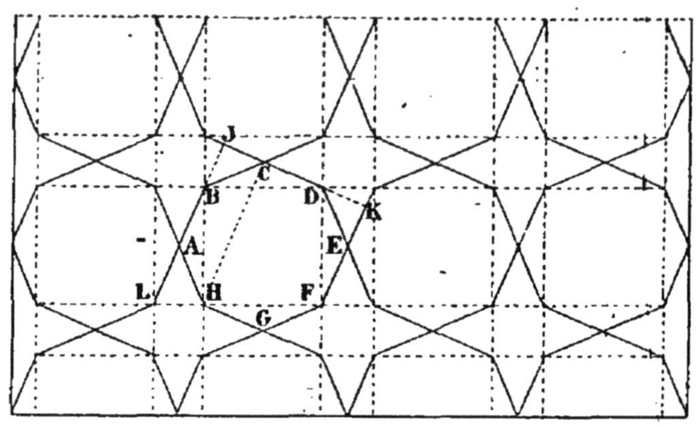

Fig. 103.

Considérons donc un octogone ABCDEFGH, et complétons en partie le carré dans lequel nous le supposons découpé.

Le côté de ce carré est JK; il est divisé au point C en deux parties qui sont entre elles, d'après ce que nous savons, comme 1 et $(1 + \sqrt{2})$. Mais les lignes LJ et FK sont parallèles à la diagonale CH; les longueurs LH et HF sont donc proportionnelles à JC et CK, c'est-à-dire à 1 et $(1 + \sqrt{2})$.

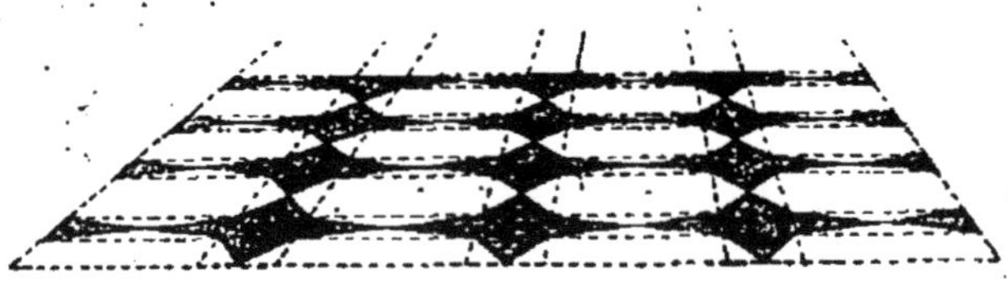

Fig. 104.

Ce rapport établi, on peut sans difficulté représenter la perspective du réseau de lignes ponctuées (*fig.* 104), et, par suite, celle des octogones.

⚡Polygone régulier quelconque.

La mise en perspective d'un polygone régulier quelconque est une application pure et simple de la méthode générale :

On commence par construire un polygone semblable au modèle, par les moyens géométriques connus. On mène dans ce polygone deux séries de diagonales parallèles et indéfiniment prolongées, de manière à former un réseau parallélogramme.

Pour tracer ce réseau, on prolonge d'abord un côté, de part et d'autre et indéfiniment; puis on mène toutes les diagonales parallèles à ce côté, et on les prolonge de même indéfiniment. Si le polygone a un nombre pair de côtés, il restera un côté parallèle aux diagonales; on le prolongera comme celles-ci. Si le polygone a un nombre impair de côtés, il restera un sommet par lequel on mènera une parallèle indéfinie à la série de diagonales.

On répétera la même opération dans un autre sens et le réseau sera construit.

Cela fait, on considérera le modèle, dont on représentera les deux côtés qui font partie du réseau. On se donnera également la ligne de fuite du plan où se trouve le polygone. Il n'en faut pas davantage pour obtenir la perspective du réseau, et, par suite, celle du modèle.

NOTE IV

SUR LES OBJETS RONDS GROUPÉS (1)

Seau et broc. — Nous savons dessiner chacun de ces objets; leur groupement seul modifie les conditions du problème.

(1) Voy. p. 71 et suiv.

Nous nous appuierons sur le principe suivant :

Trois cercles étant donnés (*fig.* 105) dans des plans

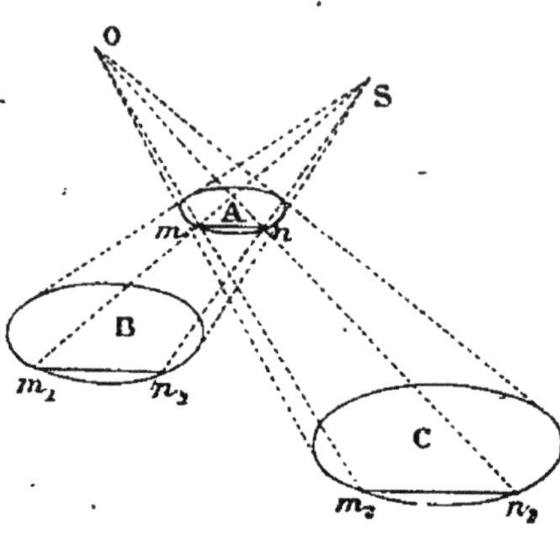

Fig. 105.

parallèles distincts, on fait passer deux cônes par l'un d'eux A et chacun des deux autres B et C, puis on mène une corde quelconque mn dans le cercle commun A. La corde $m_1 n_1$ du cercle B est parallèle à la corde mn du cercle A, puisqu'elle est comprise entre les mêmes génératrices du cône S.

Pour la même raison, la corde $m_2 n_2$ du cercle C est parallèle à la corde mn. Les deux cordes $m_1 n_1$ et $m_2 n_2$ sont donc parallèles.

Dessinons maintenant le seau (*fig.* 106). Rien de nouveau à signaler dans cette construction, identique à celle de la boîte au lait (1).

Représentons les génératrices de contour apparent du broc sans indiquer leurs extrémités et prolongeons-les jusqu'en leur rencontre.

Le point S représente le sommet du cône dont le corps du broc forme une partie.

Si ce cône ne descendait que jusqu'à la hauteur de notre œil, sa base horizontale serait un cercle de profil ayant pour perspective une ligne droite ab, située sur l'horizon HH'.

Enveloppons ce cercle et l'ouverture du seau dans un cône commun : il suffit pour cela de mener par a et par b des tangentes à l'ellipse qui représente cette ouverture.

Le nouveau cône a pour sommet O.

Notons maintenant la perspective c du point où la base du broc commence à être cachée par le seau. Ce point appartient à la génératrice Sc du cône S. La génératrice corres-

(1) Voy. p. 74.

pondante, dans le cône O, est la droite O*d* qui rencontre l'ouverture du seau en *d*.

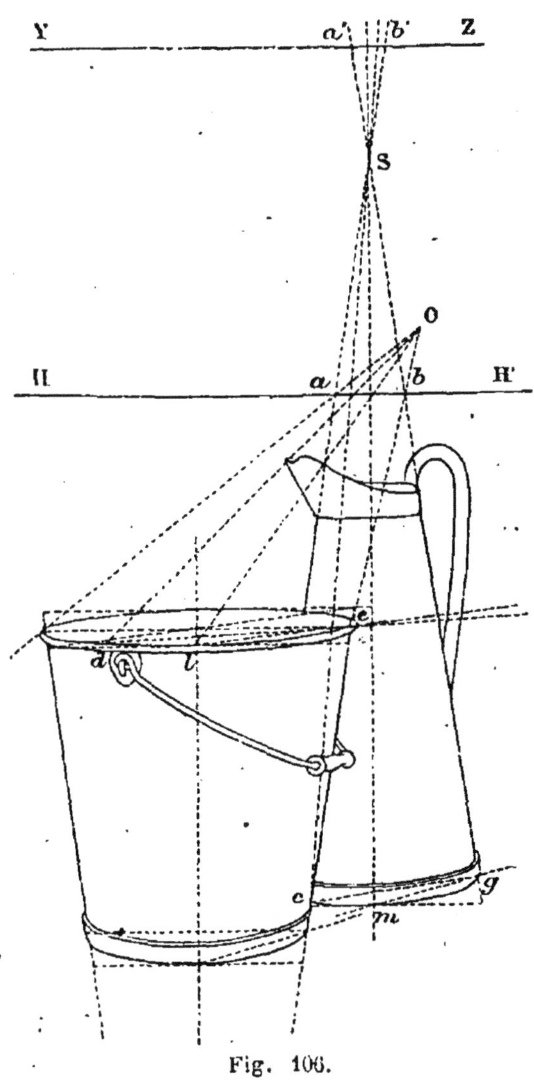

Fig. 106.

Menons dans le cône O la corde *de* entre les génératrices O*d* et O*e*. Sa correspondante du cône S lui est perspectivement parallèle. Il suffit donc de mener par *c* une parallèle perspective à *de* pour avoir sur la génératrice S*g* un second point *g* de la base du broc.

Un troisième point nous est nécessaire pour déterminer l'ellipse. Soit à l'ouverture du seau un point l, situé sur la génératrice Ol, dont la correspondante est Sm. Menons la corde le et sa parallèle perspective gm; m est le troisième point cherché.

La tangente en ce point est parallèle à la tangente en l, c'est-à-dire de front comme celle-ci.

On pourrait de la même manière déterminer autant de points qu'on le voudrait de la base du broc.

Si la ligne d'horizon était au-dessus du sommet S, en **YZ**, par exemple, le cercle commun aux deux cônes serait $a'b'$, mais on suivrait encore exactement la même marche.

NOTE V

DE L'USAGE DES PROJECTIONS EN PERSPECTIVE

Les modèles n'ont pas toujours la forme simple des solides géométriques élémentaires. Ils sont, au contraire, assez souvent constitués par l'assemblage de plusieurs de ces solides, en retrait ou en saillie les uns sur les autres.

S'il n'y a qu'une saillie, ou si toutes les saillies ont la même direction, on n'aura qu'à appliquer des règles déjà connues.

Soient, par exemple, deux **pierres** assemblées de manière à figurer un T (*fig.* 107). Si l'observation indique que les saillies antérieure et postérieure sont égales, il suffit de porter en arrière de B une longueur BC perspectivement égale à AD, opération que nous savons faire : le reste du dessin ne comporte que des tracés de parallèles.

Le motif pourrait être moins simple, et présenter, comme dans la figure 108, par exemple, deux filets, un quart de rond et un congé. La difficulté n'en serait point accrue. On dessinerait les profils symétriques des saillies, déterminés par la rencontre de celles-ci avec la face plane de la pierre et l'on mènerait les parallèles convenables.

Dans les deux modèles précédents et leurs analogues, les saillies se profilent en leurs extrémités sur des plans qu'on peut voir, et dont on peut aisément reproduire les contours.

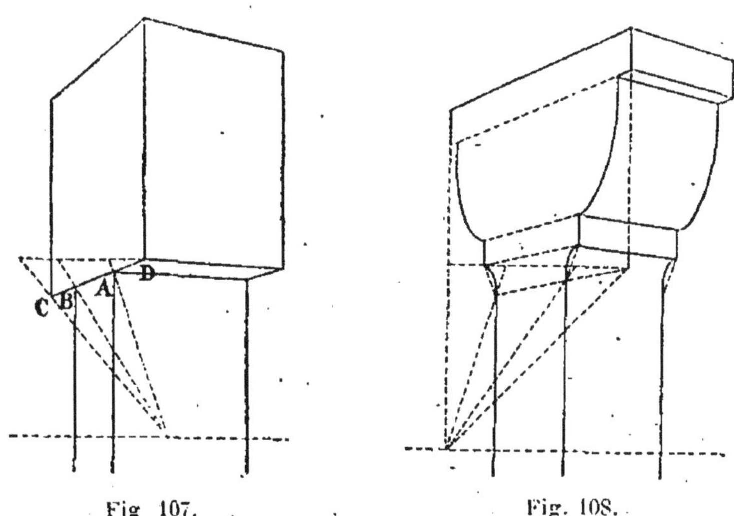

Fig 107.   Fig. 108.

Mais lorsque les saillies prennent successivement des directions différentes, leurs divers segments se rencontrent suivant des plans cachés. Il est alors assez difficile de représenter ces plans de rencontre. Aussi les élèves ont-ils une tendance marquée à dessiner les saillies comme si elles n'existaient que dans une seule direction.

Pour se mettre en garde contre cette erreur, et lorsque la grandeur des saillies sera bien déterminée par des raisons de symétrie ou autres, ils s'aideront de *projections*.

Tout le monde sait ce qu'il faut entendre par là : on suppose que le corps à représenter est lancé en ligne droite, à la manière d'un projectile, qu'il est *projeté* sur un plan qu'il traverse et où chacun de ses points laisse la trace de son passage, sa *projection*.

Le chemin rectiligne parcouru par chaque point est dit la *projetante* de ce point.

Toutes les projetantes sont parallèles.

Si nous avons à dessiner un objet de forme un peu complexe, nous pouvons opérer de deux manières :

1° Ou bien construire une projection du modèle, la mettre en perspective, puis mener les projetantes en leur donnant leurs longueurs relatives.

Cette méthode est très simple dans son principe, ses résultats sont aussi exacts que possible. Mais elle oblige le dessinateur à prendre des mesures sur le modèle, et elle conduit à des tracés souvent complexes.

2° Ou bien dessiner le modèle d'après nature, en ne s'aidant des projections de points isolés que lorsqu'elles sont nécessaires.

Cette méthode a un caractère moins régulier que la précédente, mais elle fait une plus grande part à l'observation directe, et ses tracés sont plus simples.

La première convient exclusivement lorsque le modèle est absent.

La seconde est généralement préférable lorsqu'on dessine d'après nature.

APPLICATIONS

1° Fenêtre percée dans un mur perpendiculaire au tableau (*fig.* 109 et 110).

Nous avons le droit de dire que le cadre de la fenêtre a deux faces égales, dont l'une, adhérente au mur, est sa propre projection sur ce plan, et en même temps la projection de l'autre.

Le cadre tout entier se projette donc sur le mur par sa surface de contact avec celui-ci.

Or, le contour de cette surface est en partie visible. Représentons d'après nature AB, BC, DE, EF, FG (lignes pleines de la *fig.* 109).

Par C, E, G, menons des parallèles perspectives à AB (EF en est une).

Traçons la verticale AH et prolongeons ED jusqu'en J.

Faisons HL perspectivement égal à CJ.

Elevons LM.

Prolongeons FM d'une longueur MN perspectivement égale à FE.

Traçons la verticale NO.

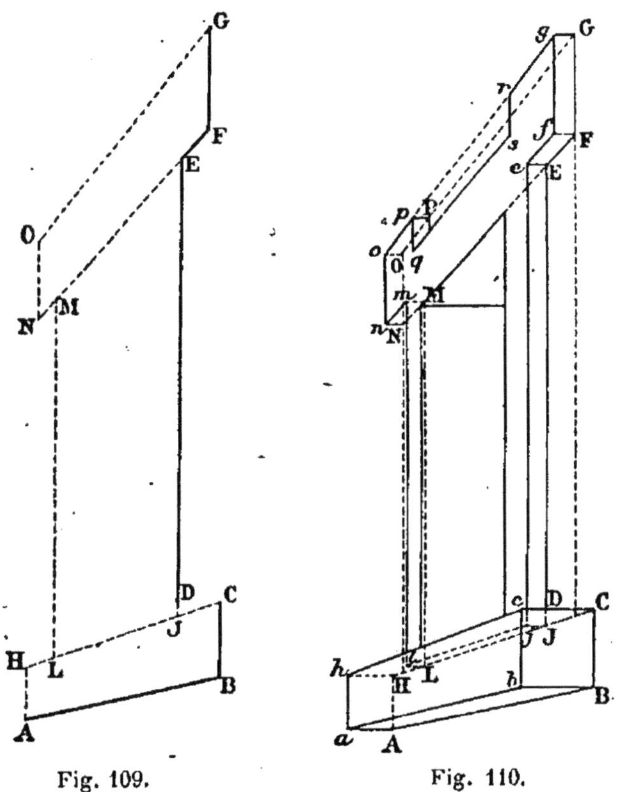

Fig. 109.　　　　　Fig. 110.

Nous obtenons ainsi la figure 109, qui ne représente pas, à la vérité, la projection complète du cadre, mais qui contient toutes les indications utiles que pourrait nous donner cette projection.

Reste à mener les projetantes. Elles sont horizontales et de front, puisqu'elles sont perpendiculaires au mur, et que celui-ci est lui-même perpendiculaire au tableau.

Faisons donc passer une projetante par chaque sommet

de la figure 109 et donnons à Bb la longueur convenable (*fig.* 110). Nous aurons ainsi successivement, après Bb, Cc, bc, ba, Aa, ah, hc.

Opérons de même, après avoir déterminé par l'observation l'épaisseur Ee. Nous obtiendrons une figure *jefgonml*, perspectivement égale et parallèle à la figure JEFGONML.

Il faut maintenant représenter l'entaille rectangulaire qui existe à la partie supérieure du cadre. Donnons-nous la perspective du point p et de la longueur verticale pq; plaçons rs dans une position perspectivement symétrique. Quant à l'épaisseur du cadre en p, elle est donnée par l'horizontale pP. La baie de la fenêtre n'offre rien à remarquer.

2° **Bureau de maître** (*fig.* 111).

Celui que nous prenons pour modèle se compose d'un

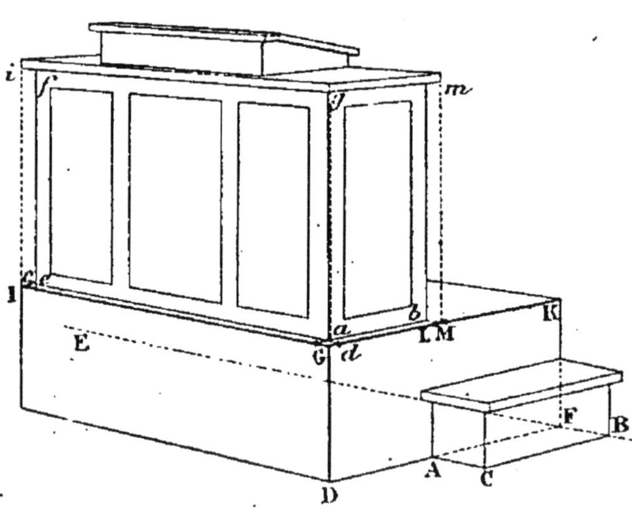

Fig. 111.

terrasson flanqué de deux marches (dont l'une est invisible), d'un corps surmonté d'une tablette, et d'un pupitre.

Terrasson : Nous en voyons complètement trois arêtes,

GI, GD et GK, qui, sur la figure, sont représentées en traits
forts. Nous les dessinons d'après nature : les deux fuyantes
GI et GK ont leurs points de fuite sur la ligne d'horizon,
que nous nous donnons en HH'.

Remarquons une fois pour toutes que les horizontales du
dessin doivent être perspectivement parallèles à l'une ou à
l'autre de ces arêtes.

Marches : Une seule est visible, avons-nous dit; sa face
supérieure (marche proprement dite) est un rectangle perspectif horizontal, et l'épaisseur de cette marche est représentée par trois petites verticales et deux horizontales perspectives.

Quant à la contre-marche (partie verticale de la marche),
nous en représentons à vue les arêtes verticales A et B, dont
les extrémités inférieures sont, l'une sur DF et l'autre sur le
prolongement de EF; nous menons les horizontales perspectives AC et BC, et enfin la verticale C.

Corps du bureau : Donnons-nous *a* et faisons passer par
ce point les deux horizontales perspectives *ab* et *ac*, le point
c étant sur la parallèle perspective menée par I à GK. Prolongeons *ca* en avant, jusqu'en *d*, au bord du terrasson, et
portons sur cette même ligne, en avant du point *c*, une longueur *ce* perspectivement égale à *ad*. Le point *e* est le pied
de l'arête verticale *ef*.

L'arête verticale *b* se place à vue.

Tablette du bureau : Si on la projetait sur le terrasson,
deux de ses côtés viendraient se confondre avec GI et GK, e
leurs extrémités seraient en I, G, M. (On obtient ce point M
en faisant LM perspectivement égal à G*d*, les saillies antérieure et postérieure de la tablette étant supposées elles-
mêmes égales.)

Plaçons à vue le point *g* sur la verticale DG prolongée et
menons les horizontales perspectives *gi* et *gm*, se terminant
en leur rencontre avec les projetantes I*i*, M*m*.

Pour l'épaisseur et la face supérieure de la tablette, il
faut opérer comme pour la marche.

Pupitre. — La figure 112 le représente à part et à une plus grande échelle.

Dessinons à vue sa face latérale visible, située à droite sur la figure et couverte de hachures.

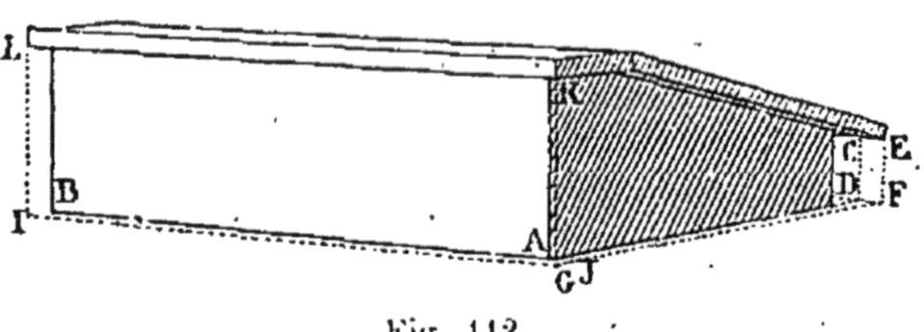

Fig. 112.

Le reste se trouve dès lors déterminé. Nous connaissons, en effet, la direction des horizontales perspectives de l'autre face, et la position du point B, perspectivement symétrique de A sur la tablette du bureau. Projetons maintenant sur celle-ci le dessus du pupitre : si la planchette latérale était prolongée jusqu'au bord de la tablette inclinée, son extrémité serait la petite verticale CD. Par suite, D est la projection de C, et F celle de E. La projection de K est en G, sur la parallèle perspective à AD menée par F. Si nous faisons GI perspectivement égal à AB, plus deux fois AJ, nous obtenons la projection I du point L, que nous pouvons par conséquent placer.

Remarque. — Si nous n'avions pas vu en partie le dessous de la tablette inclinée, nous aurions eu néanmoins le point B et nous aurions dessiné le reste du pupitre à vue, car, dans ce cas, il n'y aurait pas eu de faute de perspective possible.

Comment aurions-nous résolu le problème au moyen de projections complètes?

Nous aurions commencé par mesurer sur le modèle toutes les dimensions, de manière à pouvoir établir le plan, représenté *fig.* 113; puis, pour éviter de mesurer une à une, sur notre dessin, des projetantes de hauteurs diverses et d'éloignements variés, nous aurions construit l'élévation (*fig.* 114).

Le plan ayant deux de ses lignes dessinées d'après nature, le reste de sa perspective en aurait été déduit (*fig*. 115). De même, lorsque nous nous serions donné la perspective d'une arête verticale, nous aurions pu achever celle de l'élévation sans regarder le modèle.

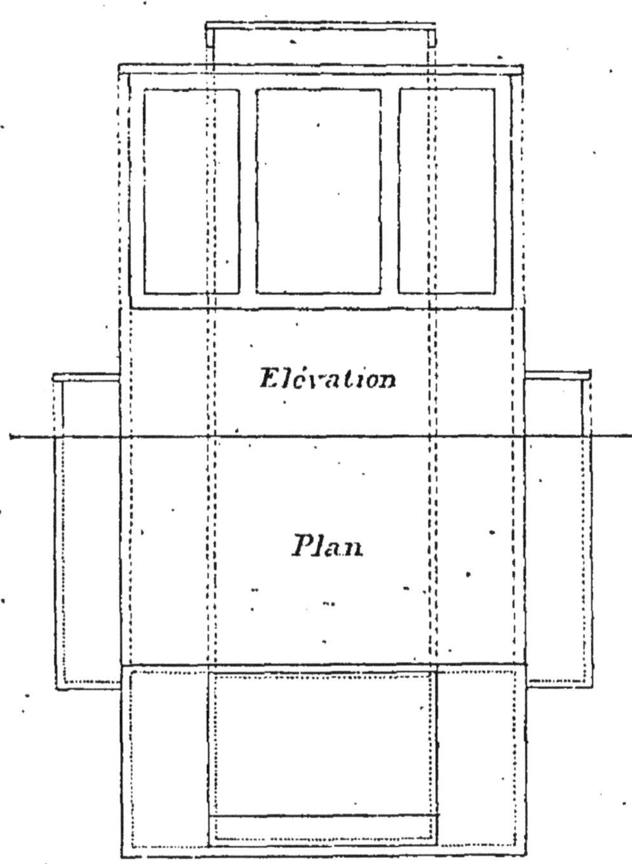

Fig. 113 et 114.

Chaque point du modèle aurait donc été projeté deux fois suivant des directions différentes; sa perspective se trouverait par conséquent à l'intersection de ses deux projetantes, l'une verticale et l'autre perspectivement parallèle à *ab*.

On voit, par la brièveté de cet exposé, combien la seconde méthode est simple en théorie; mais l'inspection de la

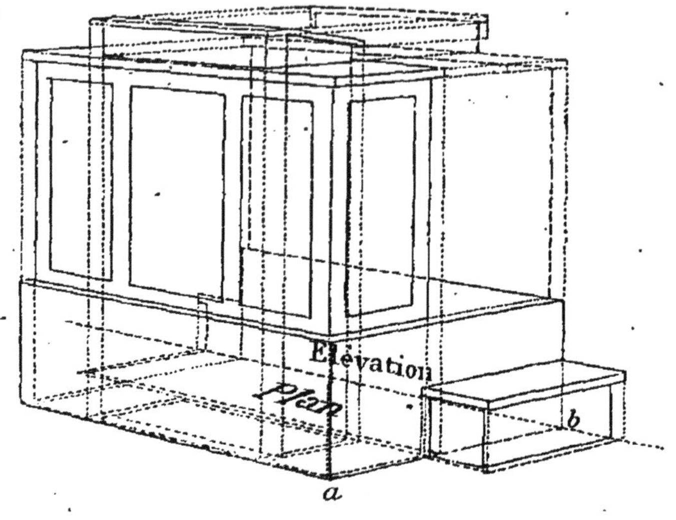

Fig. 115.

figure 115 montre, d'autre part, qu'elle comporte des tracés surchargés de lignes.

NOTE VI

DES DÉTAILS

S'il fallait toujours effectuer directement toutes les constructions sur le dessin, on se trouverait souvent embarrassé, car certaines parties, telles que les moulures, peuvent tenir peu de place, tout en exigeant des constructions relativement compliquées.

Lorsque ce cas se présente, on reproduit à part, et en l'amplifiant, la portion de la figure où les lignes sont trop nombreuses, puis on reporte ce *détail* sur le dessin, en le ramenant à l'échelle convenable.

Exemple. — Soit à dessiner une **table** dans une position quelconque.

Voici la marche à suivre : mettre en perspective le rec-

tangle qui circonscrirait la base des quatre pieds (*fig.* 116).
Construire séparément la perspective amplifiée de chacun
de ceux-ci (*fig.* 117) et la reporter à sa place en la réduisant
convenablement.

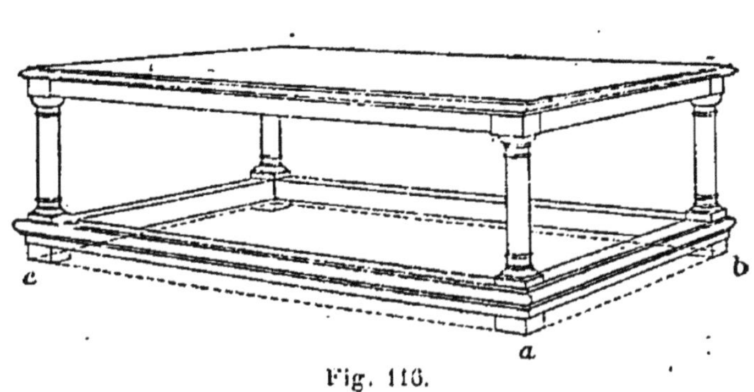

Fig. 116.

La figure 117 mérite une mention particulière. On voit
en A l'élévation d'un pied, et en B sa perspective, obtenue
de la manière suivante : *ab* et *ac* ont les mêmes directions
que les lignes portant les mêmes lettres sur la figure 116.
Leurs longueurs relatives sont celles qu'indiquait le modèle.
En outre, comme on a remarqué que la verticale *de*, prolongée jusqu'au sol, aurait son pied en *a*, on a représenté
en *d* le point où elle cesse d'être visible. Enfin, on a mené
par *d* une parallèle perspective *kl* à *ac*.

On a supposé ensuite que les moulures parallèles à *ab*
étaient projetées sur le sol. Leurs projections étaient aussi
parallèles à la même ligne, et espacées comme les points
de division de la droite *mn'* (dans l'élévation A). En vertu
d'une propriété connue des parallèles, ces projections de-
vaient diviser en parties perspectivement proportionnelles
aux segments de *mn'* le rayon *oa* du carré *abgc* et son prolongement antérieur. On a donc porté sur *oa* et son prolongement des divisions perspectivement proportionnelles à
celles de *mn'*, en ayant soin que le point *a* correspondît au
point *a'*, et le point *o* au point *m*. Les verticales élevées aux
points obtenus sont toutes contenues dans le plan où les

moulures changent de direction. A ce plan appartient aussi l'axe du pied, dont il a été facile de déterminer la hauteur, car l'une des verticales précédentes, *nl*, a donné l'extrémité *l* de l'horizontale *kl*, par laquelle on a mené une parallèle perspective *lp* à *ao*. On n'a plus eu qu'à diviser *op* et

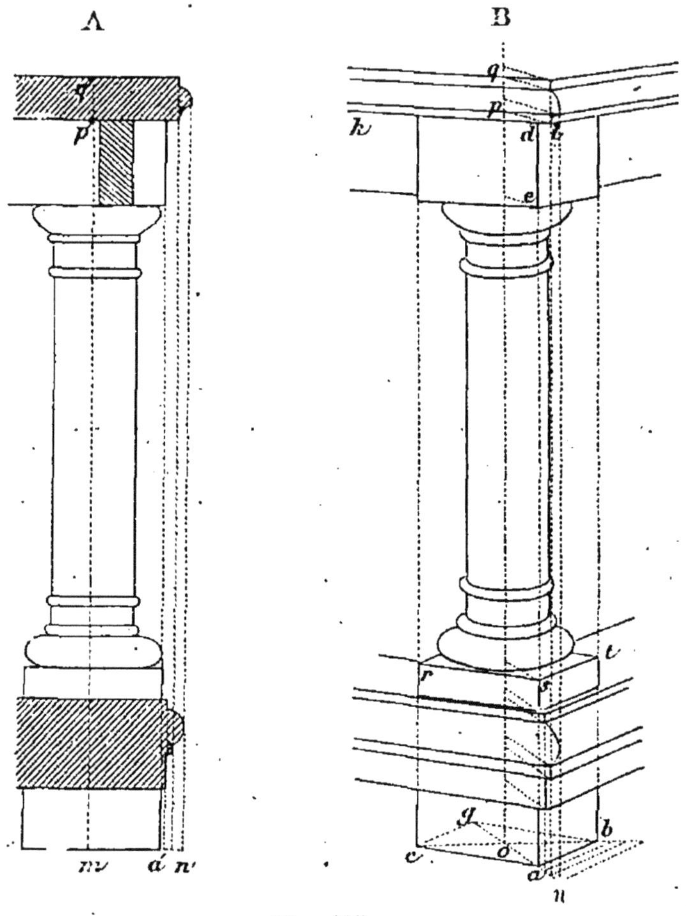

Fig. 117.

son prolongement en parties proportionnelles aux segments de *mp′* (*fig.* A) et de son prolongement *p′q′*. En menant par les points de division de *oq* des parallèles perspectives à *oa*, on a déterminé les points où les arêtes rectilignes des moulures changent de direction.

Pour la partie tournée du pied, on a amplifié encore

(*fig.* 118) la perspective du carré, dont on voit deux côtés en *rs* et en *st*. On y a inscrit celle du cercle qui est la projection du tore (1), et celle du cercle concentrique suivant lequel se projette le fût. On a connu ainsi le rapport entre les largeurs perspectives du fût, du tore et du carré de base.

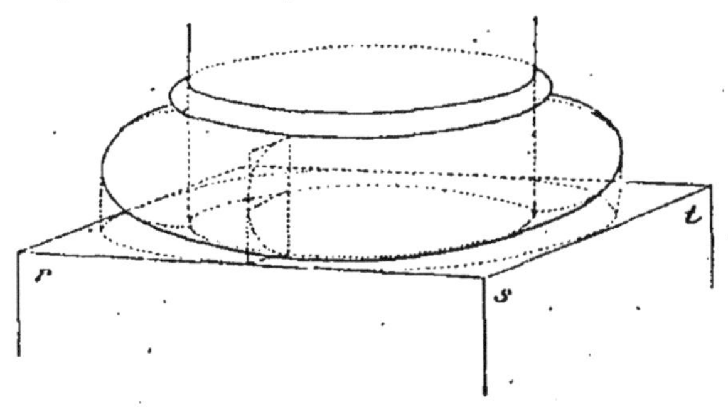

Fig. 118.

La perspective des trois autres pieds se construirait de la même manière, un peu plus simplement pourtant, car on pourrait s'aider en partie des tracés déjà effectués pour le premier.

NOTE VII

PERSPECTIVE DES PARALLÈLES DONT LE POINT DE FUITE EST EN DEHORS DU DESSIN (2)

A la règle donnée (page 49) pour le tracé des parallèles ayant leur point de fuite hors du dessin, on peut opposer cette objection, que les élèves, au moins dans les premiers temps, seront fort inhabiles à mener des droites se rencontrant toutes en un même point inaccessible, et que certains maîtres peu exercés auront eux-mêmes quelque peine à corriger des fautes qu'ils n'apercevront pas toujours.

1. On sait qu'on appelle *tore* une moulure en forme d'anneau épais dont la partie externe est seule saillante et par suite visible.
2. Voy. p. 48.

Une règle qui permette aux moins bien doués de faire un dessin suffisamment exact semble donc indispensable. Cette règle peut être donnée ; mais, pour l'établir, il faut parcourir une série de développements tels qu'il est préférable de les passer sous silence dans un cours primaire, ou qu'on doit tout au moins les réserver aux élèves les plus avancés.

Nous distinguerons deux cas dans le problème qui nous occupe.

PREMIER CAS

On n'a que deux parallèles à tracer.

On détermine simplement leur perspective au moyen du crayon tenu de front.

Même avec une détermination erronée, la solution de ce problème sera juste.

En effet, les deux droites dessinées seront parallèles ou convergentes : parallèles, elles paraîtront telles ; convergentes, elles paraîtront encore parallèles, parce que leur point de rencontre pourra être considéré comme leur point de fuite commun.

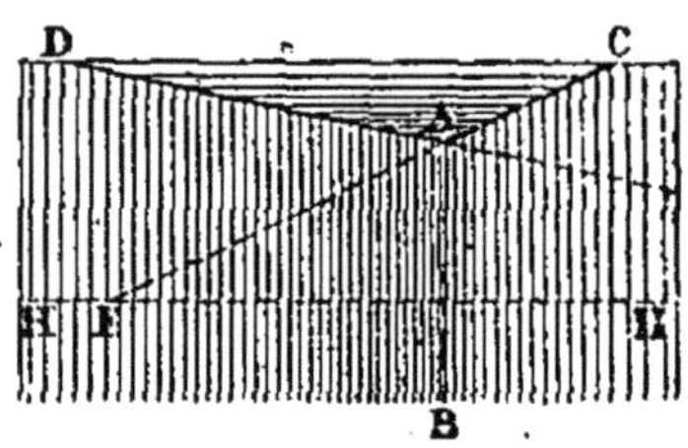

Fig. 119.

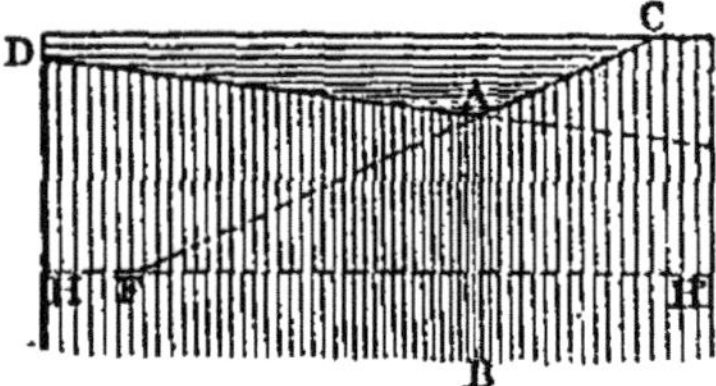

Fig. 120.

Ainsi, dans le dessin représentant (*fig.* 119, 120, 121) un des coins supérieurs de la classe, l'arête DA du mur de gauche est perspectivement parallèle à l'horizontale HH' tracée sur ce mur à la hauteur de nos yeux. Eh bien ! que la direction apparente donnée à DA soit celle de la figure 119, ou celle de la figure 120, ou encore celle de la figure 121, ou toute autre, cette droite DA paraîtra toujours parallèle à HH',

— Mais cela ne suffit pas, dira-t-on, pour que le dessin soit bon, car l'angle DAC a une valeur différente dans chacune des trois figures, et, si l'une de celles-ci est exacte, il faut bien que les deux autres ne le soient pas.

— Entendons-nous ; chacune des trois figures peut être exacte ou non, suivant la position que vous prendrez pour la regarder. L'angle DAC (*fig.* 119), par exemple, vous paraît-il obtus? Eloignez-vous et vous aurez l'impression d'un angle droit. Eloignez-vous encore, et vous croirez voir un angle aigu (1).

Si donc le dessinateur, prenant des mesures précises et appliquant des règles savantes, avait voulu reproduire l'apparence rigoureusement exacte de l'angle qui lui servait de modèle, il se serait donné une peine inutile, puisque son tracé aurait manqué de justesse toutes les fois que vous n'auriez pas mis votre œil exactement à la place du sien, c'est-à-dire dans la très grande majorité des cas.

C'est pourquoi il s'est contenté, dans les figures 119 et 120, de donner à DA, par un simple relevé à vue, des directions telles que, de l'endroit où vous regarderez *probablement* ces figures, l'angle DAC vous paraisse représenter *à peu près* celui qui était sous ses yeux.

Ainsi, les figures 119 et 120, malgré la différence qu'elles présentent, doivent être toutes deux considérées comme exactes.

Quant à la figure 121, elle est mauvaise, bien que, théoriquement, l'arête DA réponde encore aux conditions de l'énoncé. Elle est mauvaise parce qu'elle exige que vous vous approchiez d'une manière exagérée pour avoir la sensation d'un angle à peu près égal à ceux des précédentes figures.

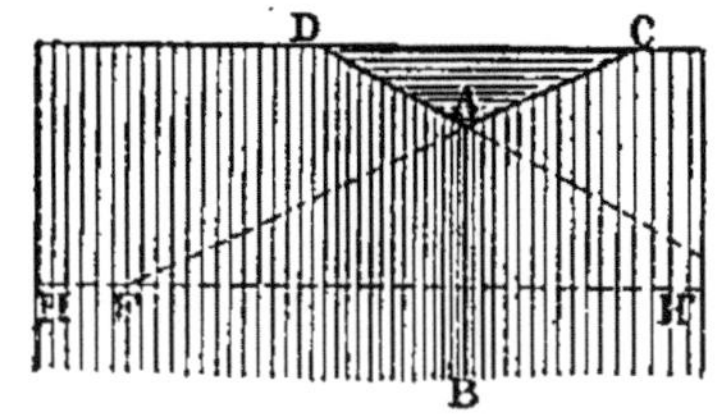

Fig. 121.

Mais où est le dessinateur assez inhabile pour donner à

---

une ligne la direction DA (*fig.* 121) quand il lui voit la direction DA (*fig.* 119)?

Donc, *toutes les fois que vous aurez à dessiner* **deux** *parallèles perspectives, fiez-vous-en à votre œil seul;* et si, malgré le soin apporté à cette opération, vous commettez une petite erreur, vous aurez la consolation de savoir qu'aucune règle ne vous eût permis d'obtenir un résultat plus satisfaisant.

UN PEU DE GÉOMÉTRIE

Avant d'aborder le second cas du problème, faisons un peu l'école buissonnière.

La théorie des parallèles perspectives permet de résoudre plusieurs problèmes importants de géométrie :

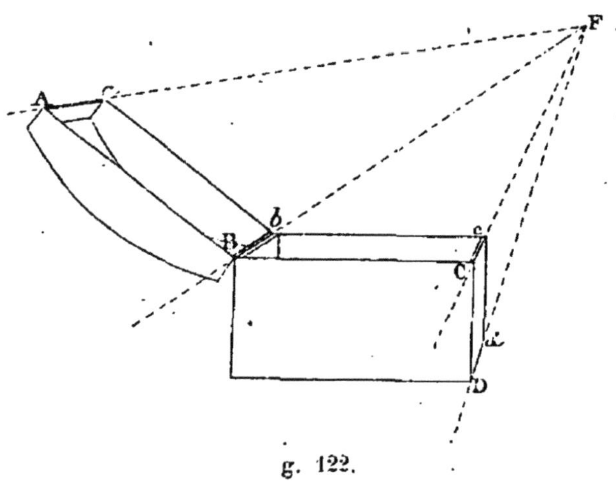

g. 122.

Si des parallèles fuyantes sont coupées par des lignes de front, celles-ci ont pour perspectives des lignes parallèles et semblables. Ainsi, dans la figure 122, les parallèles perspectives AF, BF, CF, DF, sont coupées par deux lignes de front ABCD et *abcd*. Celles-ci étant égales sur le modèle, mais inégalement éloignées du tableau, ont pour perspectives des lignes semblables.

On peut remarquer que *le rapport de* AB *à* ab *est le*

même que le rapport de BC *à* bc, *le même aussi que celui de* CD *à* cd.

Lorsque les lignes de front sont droites, on ne dit plus qu'elles sont semblables, car, à proprement parler, toutes les droites le sont; mais, l'égalité de rapports signalée plus haut subsistant, on dit qu'elles sont *divisées en parties pro-portionnelles* par les parallèles fuyantes.

Division de deux lignes en parties proportion-nelles. Une droite AB (*fig.* 123) étant divisée en trois par-ties inégales par les points M et N, diviser une autre droite *ab* en trois parties, proportionnelles aux segments AM, MN, NB de la première.

Nous considérerons les deux droites AB et *ab* comme les per-spectives de deux parallèles de front égales en longueur, et nous joindrons leurs extrémités par deux droites AF et BF, qui équi-vaudront à des parallèles per-

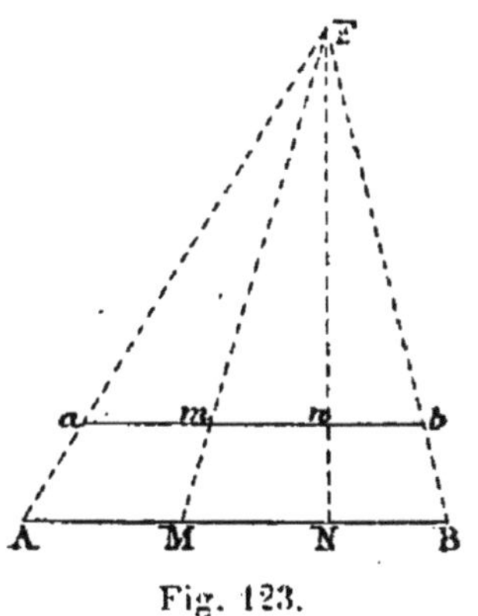
Fig. 123.

spectives dont le point de fuite commun serait en F. Si nous menons ensuite MF et NF, ces lignes pourront être regardées comme des parallèles perspectives à AF et à BF; elles couperont *ab* en deux points *m* et *n* qui divise-ront cette ligne en trois parties *am*, *mn* et *nb*, proportion-nelles à AM, MN et NB.

A ce problème se rattache directement celui de la **qua-trième proportionnelle à trois droites**, qui s'énonce ainsi :

Étant données trois droites, a, b, c, *en trouver une qua-trième* x *qui soit à* c *comme* b *est à* a;

mais qu'on peut présenter sous la forme plus concrète d'exemples, tels que ceux-ci :

1° *Une ligne* b (*fig.* 124) *est trois fois plus grande qu'une ligne* a *de* 0^m,006. *Quelle serait la longueur de* b *si* a *n'avait que* 0^m,004 *comme la ligne* c?

Faisons de *a* une ligne de front MN égale à 0^m,006, et de *b* une ligne de front MO ayant le même point de départ, et la même direction, avec une longueur de 0^m,018. Sur une parallèle à MO, portons la longueur *mn* égale à 0^m,004, ou à c; joignons M*m*, N*n*, et le point d'intersection F à O. Le point *o*, déterminé sur le prolongement de *mn*, nous donne pour réponse *mo*, car si la ligne MO est trois fois plus grande que MN, la ligne *mo* est aussi trois fois plus grande que *mn*.

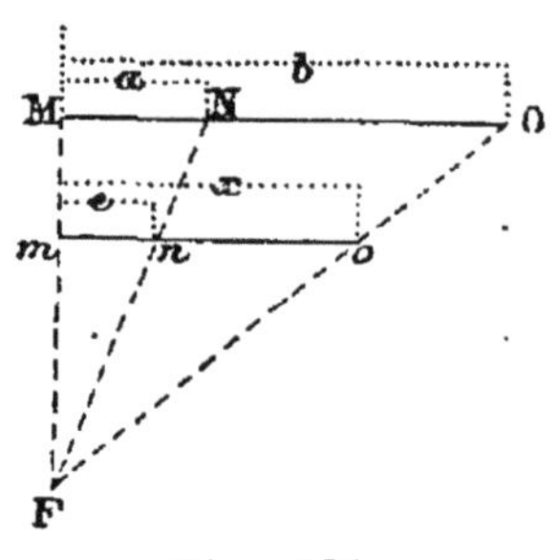

Fig. 124.

2° *Une ligne* b (*fig.* 124) a 0^m,015, *et une ligne* a a 0^m,011. *Quelle serait la longueur de* b *si* a *n'avait que* 0^m,008?

Le problème est analogue au précédent : 0^m,015 remplaçant 0^m,018; — 0^m,011 remplaçant 0^m,006; — et 0^m,008 remplaçant 0^m,004.

3° *Trois lignes étant données* (*fig.* 124), *quand la première est longue comme* a, *la seconde est longue comme* b. *Quelle sera la longueur de* b *quand* a *sera devenu égal à* c?

C'est toujours le même problème; mais, cette fois, nous nous donnons les lignes elles-mêmes, au lieu d'exprimer leur longueur par des nombres.

Construire une ligne semblable à une ligne donnée. Soit, par exemple, la ligne ABCDE (*fig.* 125). Elle peut être regardée comme limitant la perspective d'un polygone de front. Un autre polygone de front, dont les côtés seraient égaux et parallèles à ceux du précédent, mais plus éloignés du tableau que ceux-ci, aurait pour perspective la figure *abcde* semblable à ABCDE. Les droites qui joindraient les sommets correspondants des deux polygones seraient perspectivement parallèles et se rencontreraient en F.

Nous en déduisons la règle suivante :

*Pour construire une ligne sem-
blable à une ligne · donnée, on
joint les sommets de celle-ci à un
même point, puis on inscrit entre
les lignes convergentes ainsi tracées des parallèles à ses divers éléments.*

Si la ligne donnée est courbe, les
sommets sont remplacés par un
certain nombre de points choisis à
volonté.

Si le rapport des côtés correspondants est indiqué d'avance, on
tient compte de cette donnée pour
inscrire le premier côté.

Nous allons avoir maintenant
l'occasion d'appliquer ces règles.

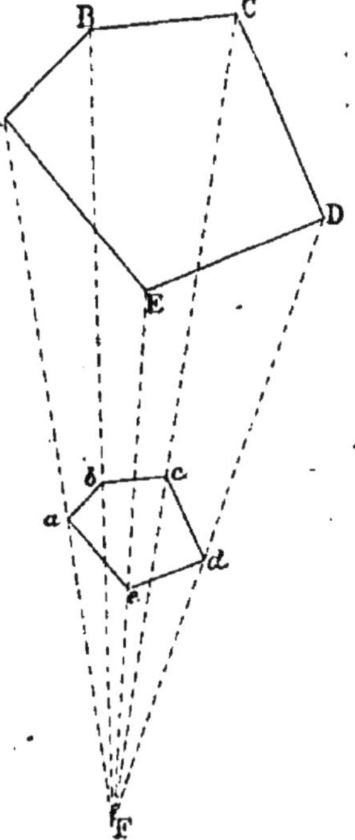

Fig. 125.

SECOND CAS

On a plus de deux parallèles à tracer.

Deux d'entre elles étant déterminées comme précédemment (page 128), il faut que les autres concourent rigoureusement en leur point de rencontre, car, cette fois, la moindre
erreur serait appréciable pour un œil exercé.

Proposons-nous de représenter (*fig.* 126) deux murs adjacents de la classe. Nous trouvons, par expérience, AB pour
la verticale suivant laquelle ils se rencontrent, F pour le
point de fuite de CA et de DB, enfin EA pour la direction de
l'arête supérieure dont le point de fuite est en dehors du
tableau.

Il faut maintenant représenter l'arête inférieure du mur
de gauche, arête qui passe par B, et qui, suffisamment pro-

longée, rencontrerait le prolongement de sa parallèle perspective EA en un certain point. Ce point serait situé à
hauteur de notre œil. Mais le point F est aussi à cette hauteur; si donc on menait par F une horizontale HH', celle-ci
rencontrerait EA et PB prolongés en leur intersection.

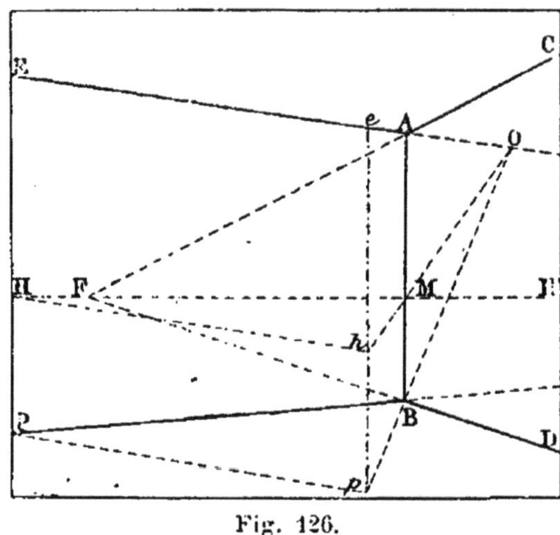

Fig. 126.

Réciproquement, l'intersection de EA et de HH' est en
même temps le point de fuite de l'arête inférieure. Mal-
heureusement, ce point, assez éloigné des limites de notre
dessin, est en quelque sorte inaccessible.

Opérons sans lui : sachant que AB est la hauteur apparente du mur au point A, il suffirait de connaître cette hauteur apparente en E, par exemple, pour obtenir un second
point de l'arête inférieure. Problème facile à résoudre, car,
si le mur ne descendait que jusqu'en M sur la verticale A,
il s'arrêterait en H sur la verticale E : et, si AM était les 2/3
ou les 3/4 de EH, AB serait aussi les 2/3 ou les 3/4 de la
hauteur que nous cherchons. En général, le rapport de AM
à EH est le même que celui de AB à la hauteur inconnue.

$$\frac{AM}{EH} = \frac{AB}{x}$$

Nous pourrions donc, sur une feuille de papier distincte,

chercher une longueur qui soit à AB comme EH est à AM. (Voy. le problème de la quatrième proportionnelle, p. 131.)

Mais nous pouvons aussi bien effectuer la construction sur le dessin lui-même.

Nous avons, comme dans le problème qui vient d'être rappelé, AM et AB sur une même droite, avec le même point A pour origine ; nous avons aussi EH sur une parallèle à AB.

Mais, en joignant EA et HM, nous n'obtiendrions d'intersection qu'en un point extérieur au tableau, ce qui ne résoudrait nullement la difficulté. Il nous faut donc rapprocher la parallèle EH de AB.

Plaçons e sur EA (pour nous épargner le tracé d'une droite).

Faisons la verticale $eh = $ EH ;

hM prolongé rencontre eA en O, et OB prolongé rencontre la verticale e en p.

EP $= ep$ est donc la hauteur apparente du mur suivant la verticale E, et PB l'arête inférieure cherchée.

Le transport de EH en eh peut se faire au moyen d'une parallèle Hh à EA ; le relevé de p en P peut aussi se faire par une parallèle pP à la même droite.

GÉNÉRALISATION DU PROBLÈME

L'énoncé du problème peut recevoir une forme plus générale, car, en définitive, dans l'exemple précédent, nous nous sommes proposé de **mener par un point (B) une parallèle perspective à deux autres** (EA et HH').

Si, au lieu de dire expressément que les fuyantes FA et PB appartiennent au même plan vertical, on nous avait donné simplement les parallèles perspectives EA et HH', et le point B, le problème, tout en restant parfaitement déterminé (car il n'existe qu'une droite qui, passant par le point B, rencontre EA et HH' en leur intersection), le problème, dis-je, aurait pu être résolu d'une infinité de manières. En veut-on la preuve, la voici :

Nous trouvons tracées sur un tableau, comme par hasard, trois lignes qui, prolongées, iraient se rencontrer en un même point. A ce caractère, nous reconnaissons des parallèles perspectives.

Mais, que représentent ces parallèles? Rien de défini, car :
Limitées par deux verticales, elles paraîtraient appartenir à un même plan vertical, à un mur, par exemple (*fig.* 127).

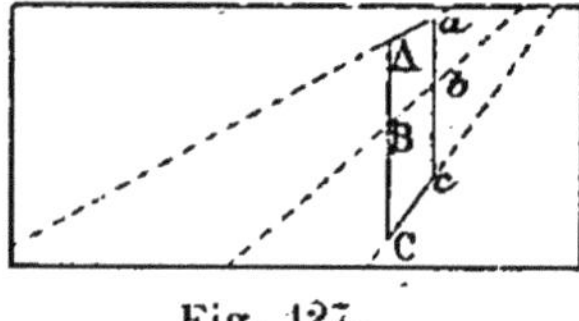

Fig. 127.

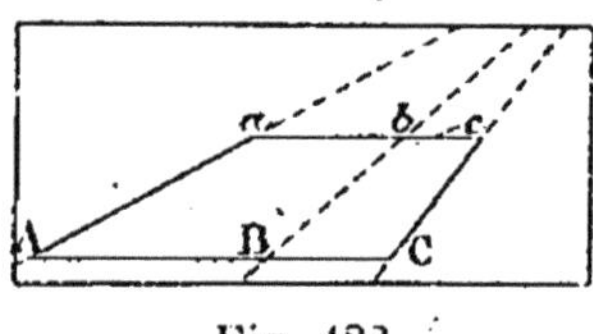

Fig. 128.

Limitées par deux horizontales, elles sembleraient faire partie d'un même plan horizontal (*fig.* 128).

Limitées par deux obliques parallèles, elles se trouveraient sur un plan oblique qui serait, si l'on veut, le toit d'une maison (*fig.* 129).

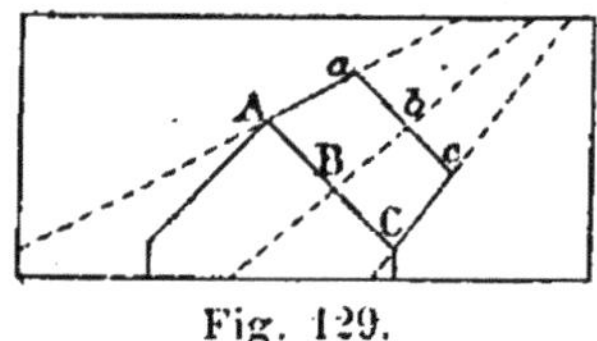

Fig. 129.

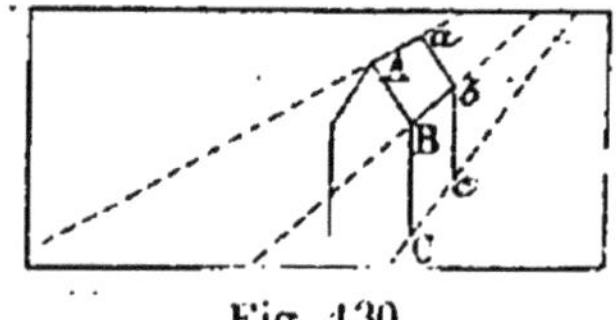

Fig. 130.

Deux d'entre elles pourraient appartenir à ce toit et deux à la façade, comme dans la figure 130.

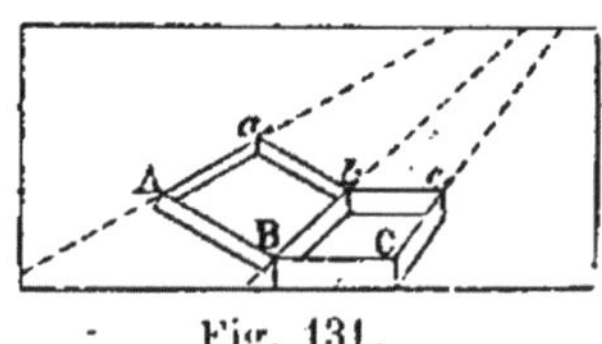

Fig. 131.

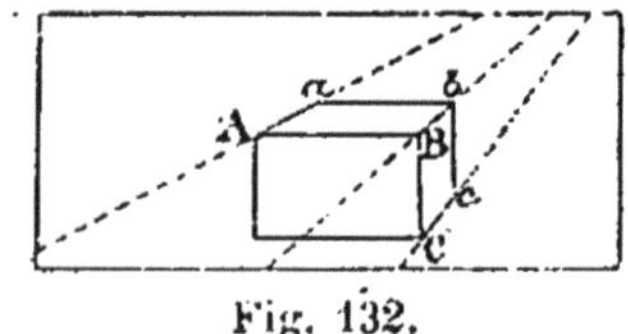

Fig. 132.

Ou bien à un plan oblique et à un plan horizontal (*fig.* 131).

Ou encore à un plan vertical et à un plan horizontal (*fig.* 132).

Ou à une surface courbe (*fig.* 133), etc., etc.

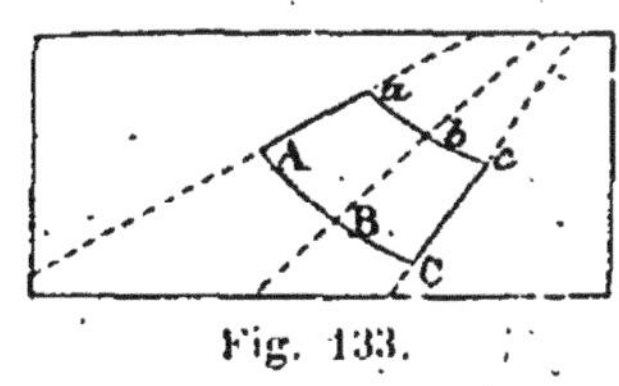

Toutes ces figures ont une partie commune : la direction des trois parallèles et la position du point C. En outre, les lignes ABC sont toutes de front et semblables à leurs correspondantes *abc*.

Fig. 133.

Qu'on nous donne donc les deux parallèles A*a* et B*b*, et qu'on nous propose de leur en mener une troisième par le point C, nous trouverons inévitablement C*c* pour la parallèle demandée :

En faisant passer par ce point C une *ligne quelconque* ABC, considérée comme de front.

En menant *ab* parallèle à AB et *bc* parallèle à BC.

En donnant enfin à *bc* une longueur telle que *abc* soit semblable à ABC.

Appliquons la règle ainsi généralisée au cas où *le point donné se trouve entre les deux parallèles fuyantes* (*fig.* 134).

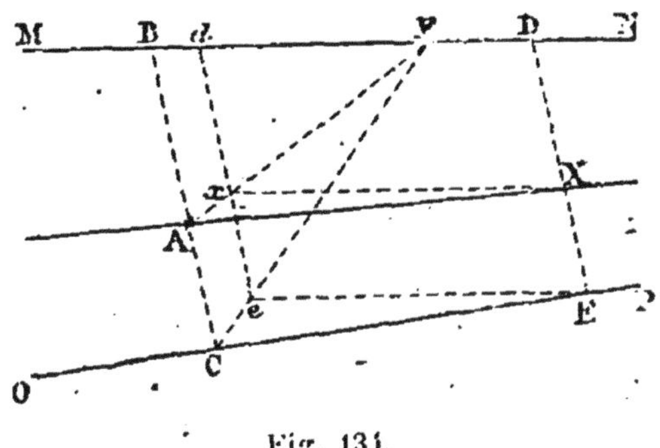

Fig. 134.

Soient les deux parallèles fuyantes MN et OP, ainsi que le point A. Par ce dernier, faisons passer une droite quelconque, BC. Menons DE géométriquement parallèle à BC,

Le rapport de BC à DE étant le même que celui de BA à DX, encore inconnu, il ne s'agit plus que de trouver la quatrième proportionnelle aux trois longueurs BC, DE, BA.

Voici comment nous résolvons ce dernier problème :
Nous rapprochons DE de BC, en *de*.
Nous joignons C*e* par une droite qui rencontre BD en F.
Nous joignons FA, et *dx* est la quatrième proportionnelle cherchée.

En la reportant en DX sur DE, on a un second point de la parallèle demandée XA.

PROBLÈMES ANALOGUES

Par deux points, mener des parallèles perspectives à deux parallèles fuyantes (*fig.* 135).

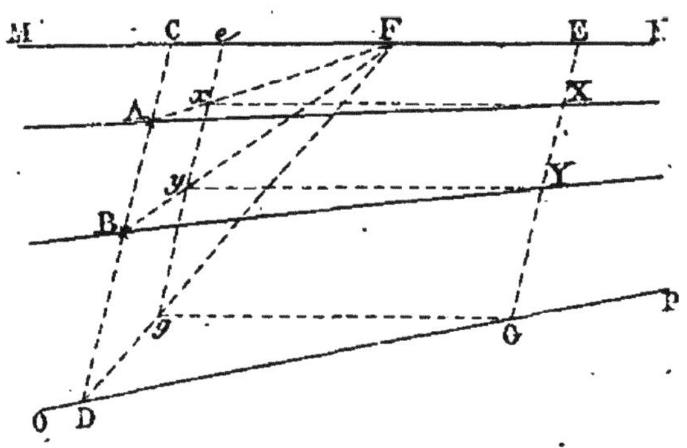

Fig. 135.

Soient les parallèles fuyantes MN et OP et les points A et B.

Puisque nous pouvons faire passer par ces points les lignes qu'il nous convient, nous choisissons la droite CD qui passe à la fois par A et par B.

Nous lui menons la parallèle EG rapprochée en *eg*, et nous divisons *eg* en parties proportionnelles aux segments CA, AB et BD de CD.

Nous trouvons x et y, qui, reportés sur EG, nous donnent de nouveaux points X et Y des parallèles cherchées.

Nous n'examinerons pas le cas où l'un des points est à l'intérieur et l'autre à l'extérieur des parallèles, ni celui où les deux points sont en dehors de ces parallèles. La méthode est toujours la même; la forme à donner au raisonnement et à la figure subit seule quelque modification.

Par trois points en ligne droite, mener des parallèles perspectives à deux parallèles fuyantes.

On devine la solution. Ne nous y arrêtons pas.

Par trois points non en ligne droite, mener des parallèles perspectives à deux parallèles fuyantes (*fig.* 136).

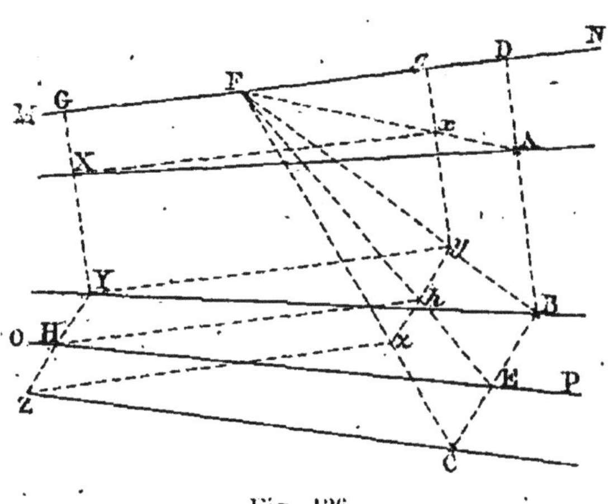

Fig. 136.

Soient les parallèles fuyantes MN et OP et les trois points A, B, C.

Joignons ces derniers et les parallèles par la ligne brisée DABEC. Pour suivre la marche précédente, il faudrait maintenant inscrire entre MN et OP une ligne semblable et parallèle à DABE.

Mais cette fois, sans changer l'esprit de la méthode, il est plus aisé d'intervertir l'ordre des constructions de la manière suivante :

Donnons-nous un point F quelconque (sur MN pour nous épargner le tracé d'une ligne).

Joignons FA, FB, FE, FC et inscrivons entre ces convergentes une ligne *gxyhz*, parallèle et semblable à DABEC.

Déplaçons enfin *gxyhz* parallèlement à elle-même, de manière à inscrire *gxyh* entre les fuyantes MN et OP.

Le point *g* restant sur MN, tous les autres points se déplaceront suivant des parallèles géométriques à cette droite et s'arrêteront lorsque le point *h* aura atteint OP en H.

Nous construirons alors ZHYXG, égale et parallèle à *zhyxg*, et les points XYZ seront les points cherchés.

APPLICATION

Entablement d'ordre toscan (*fig*. 137).

Supposons-nous placés près d'un édifice d'ordre toscan dont l'entablement soit fuyant et ait pour hauteur AB.

Cet entablement comporte une série de moulures dont une coupe de front nous donne le profil, qu'on voit à droite du dessin.

Une autre coupe de front, pratiquée plus loin (voy. la gauche de la figure), nous donnerait le même profil, mais à une échelle plus réduite ; et, en unissant les sommets correspondants des deux profils, le dessin serait achevé.

Le problème consiste donc simplement à représenter cette seconde coupe de front.

Donnons-nous par un relevé à vue la coupe antérieure, ainsi que les directions apparentes BD et AC des horizontales supérieure et inférieure.

Pour obtenir la seconde coupe, nous plaçons sur BD un point quelconque O.

Puis entre OB et OA nous inscrivons une ligne sinueuse EF, semblable à la première (1).

Nous transportons ensuite cette ligne EF, parallèlement

____

1. Voy, p. 133,

à elle-même, vers la gauche, en maintenant E sur BD (ce qui revient à mener des parallèles par tous les points de EF).

Nous nous arrêtons quand F atteint AC en F′ et nous reproduisons la ligne EF en E′F′.

Il est facile désormais de terminer le problème.

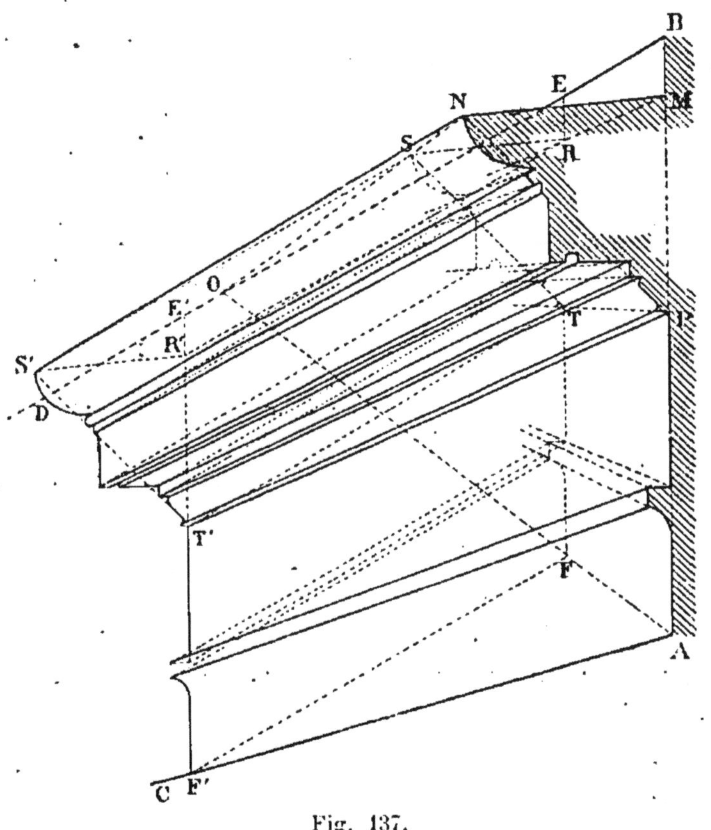

Fig. 137.

Pratiquement, on n'a guère à résoudre celui-ci que lorsque la main a acquis une certaine habileté ; on peut alors simplifier la construction : au lieu de considérer tout le détail des moulures, on fait ERSTF semblable à la ligne brisée BMNPA et E′R′S′T′F′ égal à ERSTF ; c'est sur E′R′S′T′F′ seulement qu'on trace les moulures de BMNPA, pour joindre ensuite les sommets correspondants des deux profils.

NOTE VIII

SUR LA PERSPECTIVE DU CERCLE (1)

Pour établir la perspective du cercle, nous avons invoqué des propriétés géométriques non démontrées. Désireux de ne laisser d'incertitude dans l'esprit d'aucun lecteur, nous allons combler cette lacune, bien que nous sortions ainsi évidemment de notre cadre :

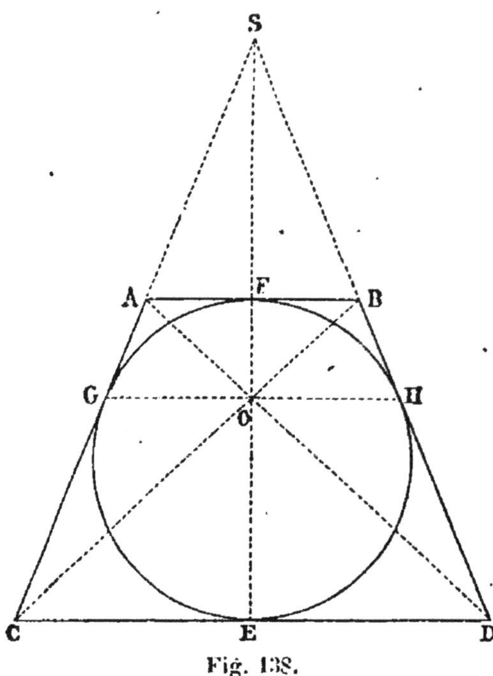

Fig. 138.

Inutile de rappeler la construction qui a été donnée (p. 65). Remarquons seulement que les points de contact F et E (*fig.* 138) sont les milieux de AB et de CD, par raison de symétrie, et que OS est bissectrice de l'angle AOB pour la même raison.

OH, parallèle menée par O aux bases du trapèze et perpendiculaire à OS, est bissectrice de l'angle BOD. (*Les bissectrices de deux angles adjacents sont perpendiculaires.*)

Dans le triangle BOD, le côté BD est divisé par la bissectrice OH en deux parties qui sont entre elles comme les côtés adjacents OB et OD. (*Dans un triangle, la bissectrice d'un angle partage le côté opposé en deux parties proportionnelles aux côtés adjacents.*)

$$(1) \qquad \frac{HB}{HD} = \frac{OB}{OD}.$$

De même le point S donne la proportion

$$(2) \qquad \frac{SB}{SD} = \frac{OB}{OD}.$$

1. Voy. p. 66.

(La bissectrice de l'angle extérieur AOB d'un triangle détermine sur le prolongement du côté DB un point S dont les distances aux points B et D sont proportionnelles aux côtés OB et OD.)

Les proportions (1) et (2) ayant un rapport commun, on en tire :

$$(3) \qquad \frac{HB}{HD} = \frac{SB}{SD}.$$

Mais, d'autre part, les *triangles semblables* SBF et SDE donnent :

$$(4) \qquad \frac{FB}{ED} = \frac{SB}{SD}.$$

Les proportions (3) et (4) ont encore un rapport commun. On peut donc écrire :

$$(5) \qquad \frac{HB}{HD} = \frac{FB}{ED}.$$

et

$$(6) \qquad \frac{HB}{HB+HD} = \frac{FB}{FB+ED}.$$

Or, comme la somme HB + HD est égale à FB + ED, puisque *les tangentes menées d'un point extérieur à un cercle sont égales,* on a :

$$HB = FB,$$

et

$$HD = ED.$$

Pour la même raison, H est le point de contact commun des tangentes menées au cercle par B et par D.

On démontrerait de la même manière que G est le point de contact de la circonférence avec le côté AC du trapèze.

Voici maintenant la justification géométrique du procédé indiqué page 70.

Je dis qu'en joignant le point G (*fig.* 139) au point V, où CH coupe la circonférence, on rencontre CE en son milieu R.

Je commence par remarquer que V et X sont symétriques par rapport à E, c'est-à-dire qu'on a :

$$arc\ EV = arc\ EX.$$

De plus, les triangles CGR et CDG sont semblables comme ayant deux angles égaux, savoir :

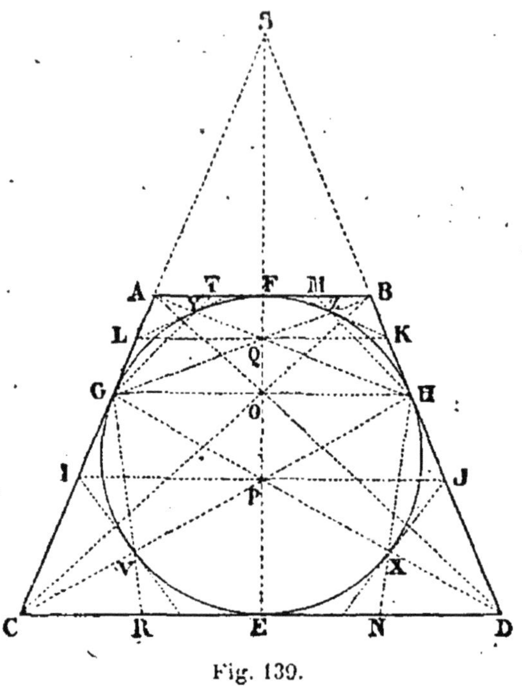

Fig. 139.

1° GCR commun ;
2° CGR et CDG de même mesure ; en effet :

$$\text{Mes. CGR} = \frac{\text{arc GV}}{2} \, ;$$

$$\text{Mes. CDG} = \frac{\text{arc GVE} - \text{arc EX}}{2} \, ;$$

$$\text{ou Mes. CDG} = \frac{\text{arc GVE} - \text{arc EV}}{2} \, ;$$

$$\text{ou Mes. CDG} = \frac{\text{arc GV}}{2} \, ;$$

Ces deux triangles donnent la proportion :

$$\frac{\text{CR}}{\text{GC}} = \frac{\text{GC}}{\text{CD}} \, ;$$

mais

$$\text{GC} = \text{CE} \quad \text{et} \quad \text{CD} = 2\,\text{CE}.$$

Donc, on peut écrire, en remplaçant GC et CD par leurs valeurs :

$$\frac{CR}{CE} = \frac{CE}{2\,CE} = \frac{1}{2}$$

ou

$$CR = \frac{CE}{2}.$$

La démonstration serait analogue pour les points X, Y et Z.

Je dis maintenant qu'en menant la tangente VI et en joignant PI, cette dernière ligne est parallèle aux bases.

En effet, les deux triangles isocèles VIG et CPD sont semblables comme ayant un angle égal (IGV = CDP).
Les angles GIV et CPD sont donc égaux; par suite GIV et GPV sont supplémentaires, le quadrilatère IGPV est inscriptible dans un cercle et l'on a :

$$\text{angle } IPG = \text{angle } IVG.$$

Or, comme l'angle IVG égale l'angle CDP, on peut écrire :

$$\text{angle } IPG = \text{angle } CDP.$$

Ces deux angles étant égaux et ayant un côté commun, les côtés non communs, dirigés dans le même sens, sont parallèles : PI est parallèle aux bases du trapèze. — C. q. f. d.

Même démonstration pour PJ, QL et QK.

NOTE IX

LA PERSPECTIVE APPLIQUÉE A LA COMPOSITION

Pour terminer, faisons une petite excursion hors du domaine de l'enseignement primaire.

Il s'agit d'établir, par un exemple, cette vérité précédemment énoncée, que les règles relatives au tracé des parallèles et à la division des fuyantes sont les seules indis-

Fig. 140. — Une collaboration (d'après le tableau de M. Gérôme).

pensables à l'artiste qui compose comme à celui qui travaille d'après nature.

Pour qu'on ne nous accuse pas d'éluder les difficultés, nous étudierons un tableau tout fait (*fig.* 140) et non des plus simples, comme on le voit, puisque les verticales seules y sont des lignes de front. Ce tableau a pour auteur un de nos maîtres contemporains, M. GÉRÔME, et pour titre : *Une collaboration*. La scène se passe chez le grand Corneille, qui, à droite, un manuscrit à la main, lit à Molière un fragment de *Psyché*.

Nous ignorons comment l'artiste a établi sa perspective ; toutefois, voici comment on pourrait opérer dans le cas actuel :

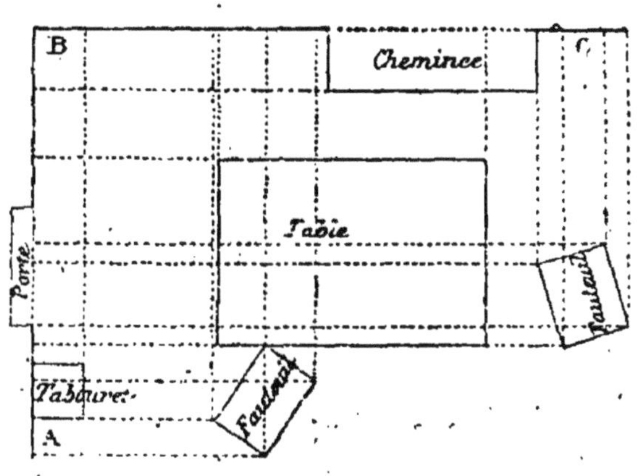

Fig. 141.

1° Se donner un plan d'ensemble de la chambre (*fig.* 141).

2° Par chaque sommet de la table, des fauteuils, etc., mener des parallèles aux murs AB et BC (même figure).

3° Se donner les directions et les longueurs *ab* et *bc*, *choisies arbitrairement*, des perspectives de AB et de BC (*fig.* 142).

4° Placer, *arbitrairement* aussi, la ligne d'horizon, où doivent se trouver les points de fuite de *ab*, de *bc* et de leurs parallèles.

Remarque. — Lorsque nous disons *arbitrairement*, nous l'entendons au point de vue théorique, car il n'est pas indifférent, pour l'effet à produire, que les lignes aient une direction ou une autre. L'avantage qu'offre précisément notre manière de procéder, c'est que l'artiste, se donnant lui-même le résultat qu'il veut obtenir, n'a pas à le chercher et ne risque pas d'en trouver un autre qui satisfasse moins son goût.

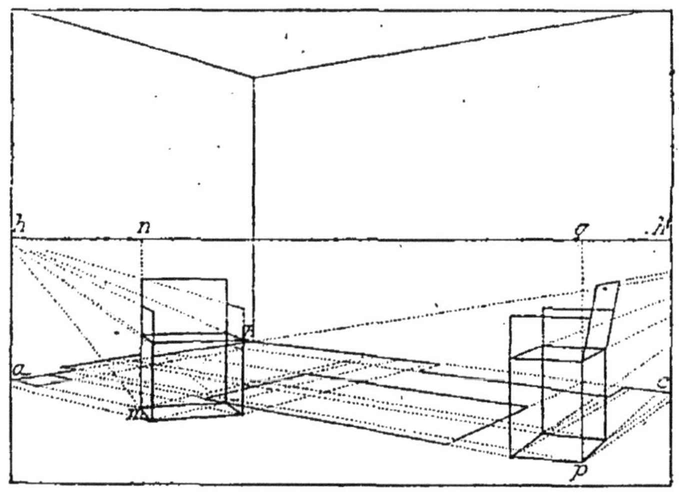

Fig. 142.

Ici, par exemple, l'auteur a pu se dire ceci : « Comme l'intérêt du tableau se concentre sur les figures des deux personnages, il est logique de prévoir que le spectateur se placera autant que possible devant ces figures, les yeux à la hauteur de leurs yeux, soit à un mètre au-dessus du sol de la chambre.

» Par quelle hauteur verticale représenterai-je un mètre? Si cette hauteur est très petite, les fuyantes *ab* et *bc*, observées d'une distance convenable, paraîtront très longues, ou bien, si le spectateur est obligé de se rapprocher considérablement de mon tableau pour avoir une impression plus exacte, l'angle des deux murs lui semblera obtus (1).

—

1. On se souvient qu'une fuyante paraît d'autant plus courte et que l'angle de deux fuyantes paraît d'autant plus grand, qu'on regarde le dessin de plus près, et inversement (voy. p. 93 et suiv.).

Si, au contraire, je place très haut la ligne d'horizon, *ab* et *bc* paraîtront trop courtes, et, si le spectateur s'éloigne pour que leur longueur apparente soit ramenée à une valeur plus convenable, l'angle des deux murs lui semblera aigu.

» Pour éviter ce double écueil, je placerai la ligne d'horizon en *hh'*. »

5° Diviser *ab* et *bc* en parties perspectivement proportionnelles aux segments de AB et de BC. Leur mener des parallèles par les points de division, ce qui donne la perspective du plan.

6° Dessiner d'ensemble les diverses pièces du mobilier, la cheminée, la porte, etc., en s'appuyant, pour la hauteur à leur donner, sur cette remarque, que d'un point quelconque du sol à la ligne d'horizon il y a une hauteur verticale d'un mètre.

Exemple. — Les sièges des fauteuils sont à une hauteur convenue de 45 centimètres. On prendra, pour celui de Molière, les 45/100 de *mn*, et pour celui de Corneille, la même fraction de *pq*.

7° Reproduire à part la perspective amplifiée des mêmes objets et indiquer celle des détails.

Nous pourrions prendre comme exemple le dessin de la table où s'appuient les deux poètes ; mais le croquis 137 est justement celui de cette table, avec cette différence qu'ici elle est recouverte d'un tapis, ce qui simplifie le problème.

Pour les menus objets ronds qui sont sur la cheminée, il faudrait se donner, comme pour la table et les fauteuils, le plan de leur base, obtenir la perspective de cette base, l'amplifier et en déduire, comme nous l'avons fait déjà, celle des objets tout entiers.

8° Enfin ramener les perspectives partielles à l'échelle et à la place convenables.

CONCLUSION

Conformément à ce que nous avons avancé dans le cours de cet ouvrage, **le tracé des parallèles perspectives et la division perspective des fuyantes sont les seules opérations que doive à tout prix savoir effectuer quiconque dessine d'après le modèle en relief.**

En effet, ne craignons pas de le répéter une dernière fois, le parallélisme des lignes et les rapports entre les longueurs *portées suivant une même direction* sont les seuls éléments indépendants de la position du spectateur.

Ceci d'ailleurs n'implique pas l'inutilité des autres opérations qu'on enseigne généralement, car, si nous avons beaucoup observé, nous avons, en revanche, très peu raisonné.

Tout en reconnaissant que l'étude précédente suffit au grand nombre, nous devons donc souhaiter que l'élève, lorsqu'il connaîtra les éléments de la géométrie et de la descriptive, apprenne à obtenir, par le raisonnement seul, la perspective d'un point, étant données ses projections, celles du tableau et celles de l'œil du dessinateur; qu'il s'élève de là à la perspective des lignes, des surfaces, des corps quelconques ; qu'il s'exerce ensuite au tracé des ombres, etc.

Mais, dans ce cas encore, un élève ayant déjà suivi des leçons faites dans l'esprit de celles que nous avons indiquées ici sera parfaitement préparé à cette seconde étude : il n'aura à apprendre rien qu'il ignore complètement, ni à désapprendre aucune règle. Au contraire, il pourra résoudre les problèmes qui lui seront posés par des méthodes plus générales que celles qu'on suit ordinairement dans les traités élémentaires. Enfin, ce qui n'est pas sans intérêt, il saura que, si le dessin est un langage commode, universel et précis, c'est bien souvent grâce à la complaisance plus ou moins consciente de ceux qui le lisent envers ceux qui l'écrivent.

TABLE ANALYTIQUE DES MATIÈRES

tionnelles à des nombres donnés, comme pour la doubler, la tripler, etc., on détermine la ligne de fuite d'un plan quelconque passant par cette fuyante.

On trace alors une droite auxiliaire de front ayant un point commun avec la fuyante perspective, et géométriquement parallèle à la ligne de fuite; on porte sur cette auxiliaire, à partir du point commun, des longueurs proportionnelles à celles qu'on veut représenter. On joint l'extrémité libre de la fuyante au point correspondant de l'auxiliaire de front par une droite dont le point de fuite est sur la ligne de fuite déjà tracée. Enfin, on fait passer par ce point de fuite et les points de division de l'auxiliaire de front des droites qui déterminent les segments cherchés sur la fuyante perspective:

SECONDE PARTIE

LES APPLICATIONS

APPENDICE